DEUTSCHE ENTOMOLOGISCHE ZEITSCHRIFT

HERAUSGEGEBEN VOM

Zoologischen Museum

MUSEUM FÜR NATURKUNDE DER HUMBOLDT-UNIVERSITÄT ZU BERLIN

Chefredakteur:

Prof. Dr. H.-J. Hannemann

Neue Folge Band 33

1986

Heft 1—2

Ausgegeben am 11. April 1986

AKADEMIE-VERLAG · BERLIN

ISSN 0012-0073 Dtsch. ent. Z., Berlin **33** (1986) 1—2, 1—127 EVP 14,— M

Instructions for Authors

1. Papers should be type-written in German, English or French. They must be sent in a final form ready for publication.
2. Manuscripts should be typed with double spacing, on one side of the paper, quarto size, leaving a top and left hand 4 cm margin.
3. A brief abstract in English must precede the text of all articles.
4. Bibliographical references should be listed in alphabetical order at the end of the paper followed by the full address of the author.
5. Figures (line drawings with black India ink on strong or transparent paper) should be numbered consecutively with Arabic numerals.
6. Legends of figures must be type-written on a separate sheet.
7. The author receives 60 reprints free of charge.
8. Manuscripts should be addressed to the Editor-in-Chief, Prof. Dr. H.-J. Hannemann, Zoologisches Museum der Humboldt-Universität, Invalidenstr. 43, DDR-1040 Berlin.

Bestellungen sind zu richten

- **in der DDR**
  an das Zeitungsvertriebsamt der Deutschen Post, Abt. Zentralvertrieb Berlin, 1017 Berlin, Straße der Pariser Kommune 3–4
  oder an den AKADEMIE-VERLAG BERLIN, DDR-1086 Berlin, Leipziger Str. 3–4;
- **im sozialistischen Ausland**
  an eine Buchhandlung für fremdsprachige Literatur oder an den zuständigen Postzeitungsvertrieb;
- **in der BRD und Berlin(West)**
  an eine Buchhandlung oder an die Auslieferungsstelle KUNST UND WISSEN, Erich Bieber OHG, Wilhelmstr. 4–6, D-7000 Stuttgart 1;
- **in den übrigen westeuropäischen Ländern**
  an eine Buchhandlung oder an die Auslieferungsstelle KUNST UND WISSEN, Erich Bieber GmbH, General Wille-Str. 4, CH-8002 Zürich;
- **im übrigen Ausland**
  an den internationalen Buch- und Zeitschriftenhandel; den BUCHEXPORT, Volkseigener Außenhandelsbetrieb der Deutschen Demokratischen Republik, DDR-7010 Leipzig, Postfach 160;
  oder an den AKADEMIE-VERLAG BERLIN, DDR-1086 Berlin, Leipziger Str. 3–4.

DEUTSCHE ENTOMOLOGISCHE ZEITSCHRIFT

Herausgeber: Zoologisches Museum – Museum für Naturkunde der Humboldt-Universität zu Berlin.

Verlag: Akademie-Verlag Berlin, DDR-1086 Berlin, Leipziger Str. 3–4; Fernruf: 2236221 oder 2236229; Telex-Nr. 114420; Bank: Staatsbank der DDR, Berlin, Kto.-Nr. 6836-26-29712.

Chefredakteur: Prof. Dr. Hans-Joachim Hannemann.

Anschrift der Redaktion: Zoologisches Museum der Humboldt-Universität zu Berlin, DDR-1040 Berlin, Invalidenstr. 43.

Veröffentlicht unter der Lizenznummer 1325 des Presseamtes beim Vorsitzenden des Ministerrates der DDR.

Gesamtherstellung: VEB Druckerei „Thomas Müntzer", DDR-5820 Bad Langensalza

Erscheinungsweise:
Die Deutsche Entomologische Zeitschrift erscheint jährlich in einem Band mit 5 Heften. Bezugspreis je Band 125,– DM zuzüglich Versandspesen. Preis je Heft 25,– DM. Der gültige Jahresbezugspreis für die DDR ist der Postzeitungsliste zu entnehmen.

Bestellnummer dieses Heftes: 1032/33/1–2.

AN (EDV) 55217 · AN (ZV) 1118001139
01400

DEUTSCHE ENTOMOLOGISCHE ZEITSCHRIFT

N. F. Band 33 Heft 1—2 11. April 1986

Dtsch. ent. Z., N. F. **33** (1986) 1—2, 1—9

Further notes on Sudanese aphids inclusive the description of a new Brachyungus

(Homoptera: Aphididae)

By

FRITZ PAUL MÜLLER and EL TIGANI MOHAMED EL AMIN

With 1 figure and 1 table in the text

Abstract

Four aphid species: *Brachyunguis ushari* n. sp., *Protaphis kenanae* F. P. MÜLLER & EL TIGANI, *Schizaphis cyperi* (VAN DER GOOT), and *Schizaphis eastopi* VAN HARTEN & ILHARCO are recorded from the D. R. Sudan. Now the number of aphid species known in that country amounts to 33. The Sudanese race of *Acyrthosiphon gossypii* MORDV. jecects cotton contrary to the Central Asiatic form. Some biological notes on *Lipaphis erysimi pseudobrassicae* (DAVIS) are given.

We published in 1977 an illustrated key for the identification of the aphids at that time recorded from the Democratic Republic of the Sudan, followed in 1979 by a key for the identification of the alatae of common and economically important Sudanese aphids. Studies on the ecology of the aphids in that country had been begun by the late KHALID MUDDATHIR (1976) with his investigations on the biology of wheat aphids.

1. Acyrthosiphon gossypii MORDVILKO, 1914

MORDVILKO's original description is based on specimens collected from cotton in the Amurdaja delta. Soviet authors e.g. SHURAVLEVA (1956) and NARZIKULOV and UMAROV (1969) emphasize *A. gossypii* as an important cotton pest in Central Asia. Heavy attack causes diminution of carbohydrate content and premature dropping of fruits. NEVSKY (1929) considers cotton merely a secound-rate host plant and Leguminosae as the main hosts, among others Vicia faba and Alhagi camelorum FISCH. On the latter plant the sexuales have been found and described by the above-mentioned soviet authors thus indicating the holocyclic generation sequence of the aphid in Central Asia. The geographical distribution which has been reviewed by the senior author (F. P. MÜLLER 1975) includes a wide-spread zone from India to southern Ukraine and Algeria. Recently *A. gossypii* was detected in Sicily on Dorycnium rectum (BARBAGALLO and STROYAN 1982).

We found the aphid in January 1974 at the Hudeiba Station near Ed Damer (Northern Province of Sudan) on Vicia faba and a few specimens also on pea. On 5th February 1980 we found in the Rahad-Scheme near Fau on a leaf underside of Phaseolus vulgaris a single dead alate viviparous female which had been seized by the hooked hairs of that plant. Sayed MUSA ABDALLA AHMED collected at Wad Medani a few specimens from Hibiscus esculentus. However, we could not at all find the aphid on cotton nor on other Malvaceae.

Although the aphid had been found in Iraq in one case on lucerne we could not detect it on this plant in the Sudan even in the conditions when lucerne fields were growing immediately adjoining infested Vicia faba plots (F. P. MÜLLER 1975).
Considering these divergent assertions we agreed upon the realization of transfer experiments. The choice of test plants followed from host notes of soviet authors e.g. Lepidium perfoliatum (MORDVILKO 1929), of NARZIKULOV and UMAROV (1969), and of EASTOP (1971). The experimental aphids were collected on 13th February, 1980, from Vicia faba at Shambat near Khartoum (also in this place an adjacent lucerne plot was completely free from *A. gossypii*) and brought alive to Rostock. They were reared there on caged Vicia faba plants in a heated greenhouse. Of the test plants cotton, Hibiscus sabdarifa, Malva neglecta and M. sylvestris had been sown on 15th March 1980, Vicia faba and Pisum sativum on 30th May 1980. The lucerne plants were biennial and singly cultivated in pots. The plants of Lepidium campestre and L. ruderale (as compensation for L. perfoliatum which was not at our disposal) were digged out in the field and carefully potted on the spot. All test plants had been potted and showed vigorous growth at the time of the trials.

The trials and their results are drawn in the table joined below. Each of the 21 trials comprised 5 plants standing together in one cage 30 × 30 × 60 cm. Each plant was set with

No.	Test plant	Aphids after 21 days					Test period.
		total number	apt	larv	ny	ala	
1	cotton 'Barakat'	25	4	21	0	0	5 May to 26 May
2	cotton 'Barakat'	0	0	0	0	0	15 July to 5 August
3	cotton 'Arcala'	34	1	32	0	1	7 May to 28 May
4	cotton 'Arcala'	0	0	0	0	0	15 July to 5 August
5	*Hibiscus sabdarifa*	0	0	0	0	0	6 May to 27 May
6	*Hibiscus sabdarifa*	0	0	0	0	0	16 July to 6 August
7	*Malva neglecta*	1	1	0	0	0	6 May to 27 May
8	*Malva neglecta*	0	0	0	0	0	16 July to 6 August
9	*Malva sylvestris*	27	0	24	3	0	6 May to 27 May
10	*Malva sylvestris*	0	0	0	0	0	15 July to 5 August
11	*Vicia faba* 'Fribo'	1226	149	1077	0	0	7 May to 28 May
12	*Vicia faba* 'Fribo'	1594	271	1319	0	4	16 July to 6 August
13	*Pisum sativum* 'Hermanova'	0	0	0	0	0	5 May to 26 May
14	*Pisum sativum* 'Markerbse Bördi'	1	0	1	0	0	3 July to 24 July
15	*Pisum sativum* 'Markerbse Moni'	0	0	0	0	0	3 July to 24 July
16	*Pisum sativum* 'Zuckererbse Ambrosia'	0	0	0	0	0	3 July to 24 July
17	*Pisum sativum* 'Futtererbse Poneka'	0	0	0	0	0	3 July to 24 July
18	*Medicago sativa*	71	5	44	22	0	6 May to 27 May
19	*Medicago sativa*	7	0	3	4	0	15 July to 5 August
20	*Lepidium campestre*	0	0	0	0	0	15 July to 5 August
21	*Lepidium ruderale*	0	0	0	0	0	15 July to 5 August

Number of aphids *Acyrthosiphon gossypii* on five plants after 21 days at a starting-point of five Ist instar larvae per plant

five Ist instar larvae of *Acyrthosiphon gossypii* taken from the stock culture reared on Vicia faba. After 21 days the aphids were counted. As shown by the enclosed table Vicia faba represents by far the most suitable host. The other plants including cotton are to be classified either as nonhosts or at most makeshift food for the Sudanese *A. gossypii* race.

We reared the aphids during the cold season in a heated greenhouse. At summer onset the cultures were conveyed into the field insectary. They stayed there until the first frosts appeared. Thereupon they were brought back into the heated greenhouse. No sexuales appeared during the observation period of 5 years. Consequently anholocycly of the Sudan *A. gossypii* race proved to be an inherent character.

As previously notified (F. P. MÜLLER 1975) no morphological distiuction could be revealed between apterae and alatae taken at Taschkent from Gossypium hirsutum and those collected in the D. R. Sudan from broad-bean and pea.

Two main differences exist between the Central-Asiatic populations and the Sudanese race. (1) The former are characterized by holocycly whilst the latter preserves its anholocyclic generation sequence in a climate with cold winter. (2) Gossypium represents the marking host of the Central-Asiatic populations, whereas cotton is avoided by Sudanese sources which above all colonize Vicia faba. Bearing in mind these peculiarities the Sudanese race should be treated as a distinct subspecies of *A. gossypii* MORDVILKO, 1914.

2. Brachyunguis ushari n. sp.

We found this aphid, *Brachyunguis ushari* F. P. MÜLLER & EL TIGANI, on Calotropis procera on 9th February, 1980 on the White Nile about 280 km south of Khartoum. The Arabian name "ushar" of the host plant supplied the species name.

Apterous viviparous female

Morphological characters. Body 1.19 to 1.47 mm, somewhat oblongly oval, with exceedingly short hairs. Small marginal tubercles regularly present on Ist and VIIth abdominal segment. Cuticle of thorax and abdomen colourless and nearly without any sclerotization. Cuticle of head nearly smooth. Forehead arched, without any trace of frontal tubercles. Rostrum rather long, exceeding hind coxae, apical segment 4/5 to 9/10 of the length of IInd hind tarsal joint. Antennae 0.58 to 0.75 mm, about half as long (0.47 to 0.56) as body, 6-segmented, without secondary rhinaria, Vth segment 1.04 to 1 1/4 as long as the IVth. Processus terminalis 0.57 to 0.76 times as long as the base of the VIth antennal segment. Siphunculi short, truncate with broadened base, flange merely little developed, about 0.044 to 0.056 mm and 1/25 (0.036 to 0.041) of body length. Cauda stretched triangular, 0.12 to 0.14 mm, 2 1/3 to 2 4/5 times as long as the siphunculi.

Chaetotaxy. Frontal hairs 10 to 13 μ, hairs on the Ist and IInd and on the remaining ant. seg. 8 to 12 μ. VIIIth abdominal segment with 2 to 4 hairs, their length 17 μ. Genital plate with 2 hairs on the disk and 6 hairs (in two groups of 3) on the hind margin. Ultimate rostral segment with 2 proximal hairs. Cauda with 6 to 8, mostly 6 hairs.

Colour light green, sparsely powdered. Appendages nearly colourless, merely tarsi and tips of tibiae like head and genital plate very light brownish.

Measurements of one specimen: length of body 1.28 mm, antennae 0.70 mm, siphunculi 0.052 mm, cauda 0.124 mm, bearing 6 hairs. Proportions of antennal segments:

$$\frac{100}{\text{III}}:\frac{60}{\text{IV}}:\frac{68}{\text{V}}:\frac{(48+33)}{\text{VI.}}$$

Alate viviparous female

Morphological characters. Body length 1.30 to 1.56 mm. Small marginal tubercles regularly present on Ist and VIIth abdominal segment. Abdomen irregularly with small marginal sclerites. Cuticle of head nearly smooth. Forehead evenly rounded, frontal ocellus remarkably projecting. Antennae 0.67 to 0.80 mm, 0.46 to 0.59 of body length, in general 6-segmented, only in one case out of 12 examined antennae IIIrd and IVth joint fused.

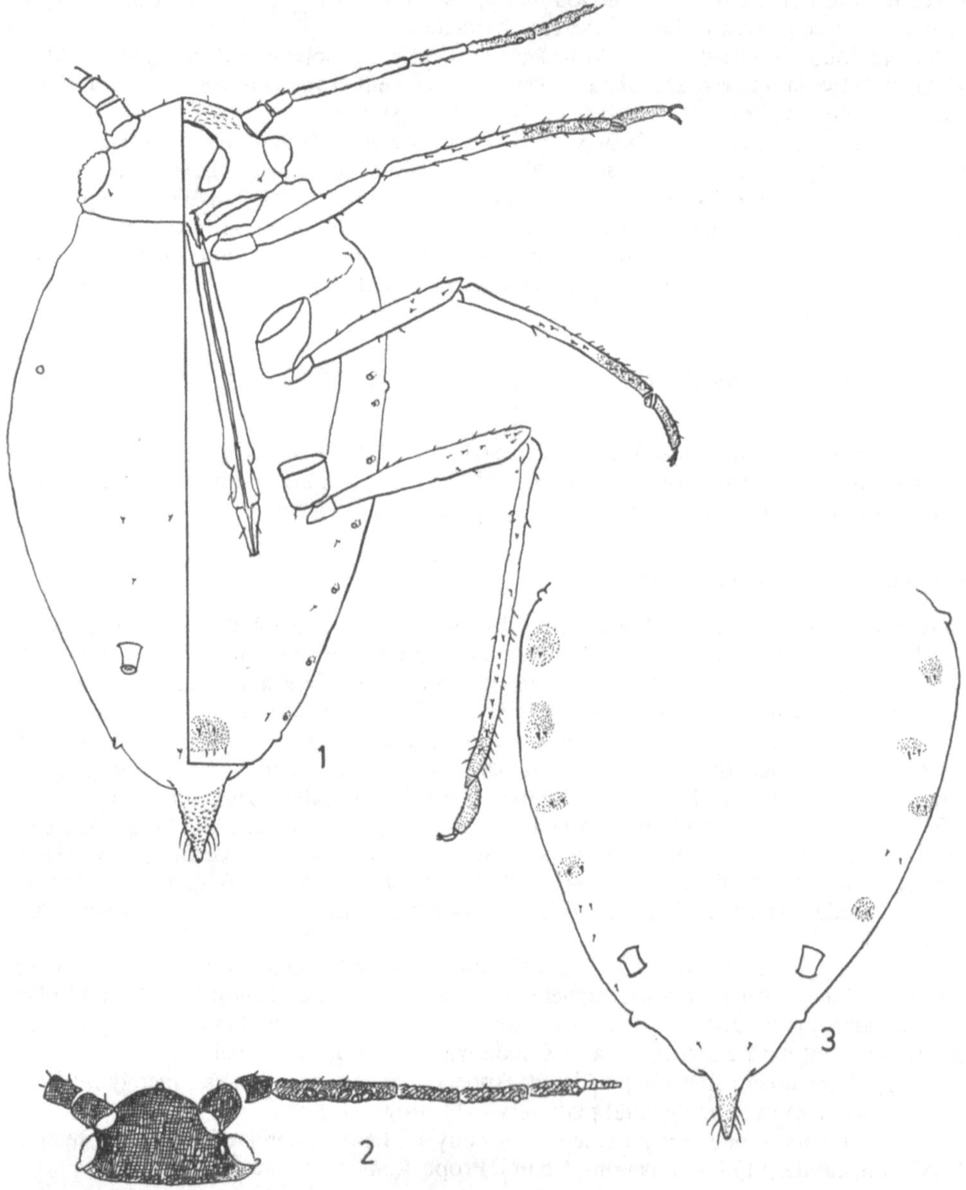

Brachyunguis ushari n. sp.: 1 apterous viviparous female; 2 head and 3 abdominal dorsum of alate viviparous female. Magnification 80 ×

IIIrd segm. bearing 2 to 6, mostly 5 or 6 rhinaria, moreover antennae without secondary rhinaria. Vth segm. 1.0 to 1.28 times as long as the IVth. Processus terminalis 0.58 to 0.72 times as long as the base of the VIth antennal segment. Siphunculi short, about 0.044 to 0.052 mm, truncate, without distinct flange. Cauda stretched triangular, 0.105 to 0.116 mm, 2 1/5 to 2 1/2 times as long as the siphunculi.

Chaetotaxy appropriate to the apt. viv. female.

Colour. Head and thorax dark greyish brown. Antennae rather dark brown, joints I and II dark like the head. Legs and cauda light brown. Abdomen green, all over with scanty powder tinge. Marginal sclerites and genital plate light-brown. Cauda colourless.

Measurements of one specimen: lenght of body 1.44 mm, antennae 0.68 mm, siphunculi 0.048 mm, Cauda 0.108 mm, bearing 6 hairs. Prop. of antennal segments:

$$\frac{100}{\text{III}}:\frac{56}{\text{IV}}:\frac{67}{\text{V}}:\frac{(51 + 30)}{\text{VI},}$$

5 and 5 rhinaria on IIIrd ant. segm.

Host plant and biology

The aphids settled at their natural habitat in dense aggregations the underside of the younger leaves on Calotropis procera (AIT.) R. BR., there being somewhat concentrated at the leaf base. The aphids were not attended by ants. Several equally looking aphids were found at Wad Medani in a greenhouse on the leaf underside of one Vicia faba plant. These aphids were transferred on a potted Vicia faba plant, however, they did not settle there.

Find locality

Tawila, 18 km north of Kosti, White Nile, Democratic Republic of the Sudan.

Types

Holotypus and Paratypes under no. 2635 in the F. P. MÜLLER collection. Paratypes will be delivered to the following collections:

1. British Museum (Nat. Hist.), Department of Entomology, London.
2. Zoologisches Museum der HUMBOLDT-Universität, Berlin.
3. Deutsches Entomologisches Institut (jetzt Institut für Pflanzenschutzforschung der Akademie der Landwirtschaften der DDR, Abteilung Taxonomie der Insekten), Eberswalde.

Generic position

Through the key given by EASTOP (1979) for the Aphidina the new species clearly comes into the genus *Brachyunguis* DAS, 1918. A considerable share of species united under that genus name by EASTOP and HILLE RIS LAMBERS (1976) refer to *Xerophilaphis* NEVSKY, 1928 which is treated as a synonym to *Brachyunguis* DAS. Mrs. HANNA STEINER kindly translated the concerned chapters in NEVSKY's book.

When using NEVSKY's key one is led to *X. plotnikovi* NEVSKY, 1928. However, the diagnosis given by NEVSKY for the apterous viviparous female discloses some differences relative to the present aphid. In *plotnikovi* the Vth ant. seg. is said to be of equal length as the IVth, whereas in *ushari* the Vth is distinctly longer than the IVth. The most striking distinguishing character is substantiated by the much more longer rostrum in *ushari* which exceeds the hind coxae. In *plotnikovi*, however, it is extended only to the middle coxae. The length ratio cauda: siphunculi amounts 1 1/2 in *plotnikovi*, but 2 1/3 to 2 4/5 in *ushari*. NEVSKY's drawing of the apterous viviparous female shows a roundish oval body compared with the more slender *ushari* apterae.

None of the East African species listed by EASTOP (1958) under *Brachyunguis* coincides to the present aphid. HALL (1926) enumerates as "*Pergandeida tamaricifoliae* nom. n." aphids which he had collected from Tamarix in Egypt and material from Calotropis procera of which he thought "to be the same". He describes the siphunculi "almost as long as the cauda" which does not fit for our Calotropis aphid. BORNER (1952, no 329a) unites under *Xerophilaphis tamaricis* (LICHTENSTEIN, 1885) as synonyms *Aphis tamaricis* THEOBALD, 1918, *Pergandeida tamaricifoliae* HALL, 1926 and *Xerophilaphis tamaricophila* NEVSKY, 1928. BODENHEIMER and SWIRSKI (1957, p. 305) followed BÖRNER, and EASTOP and HILLE RIS LAMBERS (1976) in the main too. Material collected from Tamarix in Ukraine and at two different sites in Hungary being on hand in the senior author's collection coincides in the best way with the description of *Aphis tamaricis* THEOBALD, 1918 and *Brachyunguis tamaricis* (LICHT.) in the key of the two Israelit authors on p. 218 (siphunculi about 0.1 of body length, a little shorter than IIIrd segm. antennae, 0.8 as long as the cauda). *Xerophilaphis tamaricophila* NEVSKY must be a distinct species because the siphunculi are said to be merly insignificantly shorter than the cauda and the processus terminalis is two times as long as the base of the VIth ant. segm, and in the alatae also the IVth ant. seg. bears rhinaria. BARBAGALLO and STROYAN (1982) give a detailed description for *Brachyunguis tamaricophilus* (NEVSKY, 1928) supplied with hand-drawn illustrations; the relative length of the proc. term. of the VIth ant. segm. is mentioned as much more shorter than in NEVSKY's book.

3. Lipaphis erysimi pseudobrassicae (DAVIS, 1914)

We observed a very severe outbreak on white cabbage and radish on 8th February, 1980, at Abbasea, 18 km south of Kosti, White Nile. Dense colonies sat on the leaf undersides, in the case of radish more concentrated at the leaf base. Both apterae and alatae were present. The colour of the apterae was bright yellowish green. In the plant protection literature this aphid is called "false cabbage aphid" based on its preferred host.

Lipaphis erysimi (KALTENBACH, 1843) sensu stricto which is of a rather dark olive green colour and apparently does not attack cabbage in Central Europe performs the holocycle, the males are apterous. It settles many Cruciferae, and in the area of Rostock and of Halle it is very common on Sisymbrium officinale.

Alive specimens were brought from the Sudanese find locality to Rostock and there used for establishing a culture on Brassica oleracea and Brassica napus in a heated greenhouse. The culture was brought at summer onset into field insectary and remained there until the first frosts appeared. Thereafter it came back into the heated greenhouse. No sexuales appeared during the maintenance which was kept up to spring 1984, thereby indicating inherent anholocycly in that strain.

Lipaphis erysimi (KALT.) sensu latiore is world-wide distributed, also under the name mustard aphid. Many Indians have reported on the incidence and chemical control, but details on the autecology are missing. In Japan strains producing parthenogenetically throughout the year and even during winter are existing beyond holocyclic populations (KAWADA and TAMOTSU 1979). Observations like the latter one are desirable. Obviously anholocyclic lineages are present in South Africa near Pretoria because DAIBER (1970) observing this cabbage aphid throughout the whole year does not mention sexuales.

4. Protaphis kenanae F. P. MÜLLER & EL TIGANI, 1980

Found on Sonchus cornutus HOCHST. ex OLIV. et HIERN in an experimental field at the Kenana Research Station near Abu Naama, Blue Nile Province. The aphids sat on the tap-roots down to a depth of 5 1/2 cm and at the underside of leaves close to the soil. They were attended by ants (*Acantholepis* sp., *capensis*-group). Almost certainly this species is more widely distributed in the Sudan because its host plant is common in the Gezira.

5. Schizaphis cyperi (van der Goot, 1917)

Cyperus rotundus, 24th January 1980, at the edge of water ditches in the experimental area of the Gezira Research Station at Wad Medani, mostly on such plants growing with their basal parts in the water. Settled were the underside of leaves chiefly those directly below the inflorescences. Heavily attacked leaves had turned brown. No ants were to be seen.

Leclant (1967) gave a modern description of *Sch. cyperi* compared with relatives.

6. Schizaphis eastopi van Harten & Ilharco, 1970

Described from Angola with Typha capensis Rohrb. as the host plant. We are greatly obliged to Dr. V. F. Eastop for borrowing a paratype slide (BM 1971–279) which comprises 5 apterous viviparous females collected in 1970 from Typha capensis at the type locality.

We found that aphid on Typha latifolia L. at the edge of water ditches in the experimental area of the Gezira Research Station at Wad Medani exclusively on plants the basal parts of which were surrounded by water, mostly on the basal leaf parts or hidden under the leaf sheats and not far from the water level.

The first-authors described the Angola specimens as very dark green to black. In contrast to that the Wad Medani aphids were mediocre green. When called attention to this discrepancy Dr. V. F. Eastop answered: "The possible colour polymorphism is interesting: as *Rhopalosiphum padi* from the tops of African mountains is usually brown, and at lower altidudes is green, it is not too surprising that similar situations should occur in *Schizaphis*."

7. Comment

Just as in other tropical areas the aphids in the D. R. Sudan propagate parthenogenetically thoughout the whole year. They are deprived of low temperatures and short photoperiod which would e.g. in Central Europe promote sexual morph appearance. Blackman (1979) considers it be interesting to examine the response of tropical aphid populations to temperature and photoperiod conditions like in northern countries to see how much latent potentiality for sexual morph production remains. Such experiments appear advisable primarily for such tropical aphids which are substituted in areas with could winter by holocyclic races or subspecies: *Acyrthosiphon gossypii* Mordv., *Aphis craccivora* Koch, *Aphis gossypii* Glov., *Brevicoryne brassicae* (L.), *Lipaphis erysimi pseudobrassicae* (Davis), *Rhopalosiphum nymphaeae* (L.) etc.

Our aforesaid experiments with Sudanese *Acyrthosiphon gossypii* and *Lipaphis erysimi pseudobrassicae* have demonstrated any remainder of such a potentiality being completely missing.

An analogous experiment with *Aphis craccivora*, however, gave deviating results. A colony of *A. craccivora* was collected in Januar 1974 from Bougainvillea at Wad Medani (Gezira Province, central Sudan) and conveyed alive to Rostock. The aphids were reared on Vicia faba and Trifolium repens at first in a heated greenhouse and after 31st May in the field insectary. The culture discontinued propagation in the open air during October and November by formation of abnormal oviparae, abnormal apterous viviparous females and alate ♂♂. The culture became extinct because the final apterous viviparous females proved to be completely sterile, and the very few eggs did not hatch (F. P. MÜLLER 1977).

Acknowledgement

We are much obliged to Mrs. HANNA STEINER. She mounted the aphids in a truly splendid quality workship, translated the Russian literature, and helped in preparing the manuscript. We express also our warmest thanks to Mrs. INGE DUTY for adjusting the drawings and to Mrs. INGRID JENNERJAHN for bringing up the experimental plants and assistance at care for the cultures.

Summary

Four aphid species are recorded for the first time from the D. R. Sudan. One of them is *Brachyunguis ushari* n. sp. living on Calotropis procera. The apterous and the alatae viviparous female are described and the distinguishing characters against similarly looking and in general deficiently known aphids are given. The main distinguishing characters of the new species are the long rostrum which is extended beyond the third coxae and the short siphunculi whose length amounts only 1/3 to 2/5 of the cauda.

The Sudanese race of *Acyrthosiphon gossypii* MORDVILKO should be considered a distinct subspecies although no morphological differences could be found out between material on Vicia faba in the Sudan and comparative material on cotton from Central Asia. However, the Sudanese aphids avoid cotton in nature as well as in transfer experiments and refused plant species which are settled in the eastern parts of USSR. Beyond that the Sudanese aphids preserved the parthenogenetic generation sequence when exposed at Rostock in the field to the seasonal conditions, whereas the Central Asiatic populations produce sexuales and perform the holocycle. Likewise *Lipaphis erysimi pseudobrassicae* (DAVIS) collected from cabbage at the White Nile and brought alive to Rostock preserved there the parthenogenetic generation sequence under autumnal field conditions. In the two cases anholocycly has proved to be an inherent character.

Zusammenfassung

Vier Blattlausarten werden zum ersten Mal aus der D. R. Sudan berichtet. Eine davon ist *Brachyunguis ushari* n. sp., die auf Calotropis procera lebt. Das ungeflügelte und das geflügelte vivipare Weibchen werden beschrieben und die Unterscheidungsmerkmale gegenüber ähnlich aussehenden und im allgemeinen ungenügend bekannten Aphiden angegeben. Die hauptsächlichen Unterscheidungsmerkmale der neuen Art betreffen den langen Rüssel, der bis hinter die dritten Coxen ausgestreckt ist, und die kurzen Siphonen, deren Länge nur 1/3 bis 2/5 der Cauda beträgt.

Die sudanesische Rasse von *Acyrthosiphon gossypii* MORDVILKO sollte als besondere Subspecies betrachtet werden, obwohl keine morphologischen Unterschiede gefunden werden konnten zwischen Material von Vicia faba im Sudan und Vergleichsmaterial von Baumwolle aus Zentralasien. Aber die sudanesischen Aphiden mieden Baumwolle in der Natur ebenso wie in Übertragungsversuchen und lehnten Pflanzenarten ab, die in den östlichen Teilen der UdSSR besiedelt werden. Darüber hinaus behielten die sudanesischen Aphiden ihre parthenogenetische Generationenfolge, wenn sie in Rostock im Freiland den jahreszeitlichen Bedingungen ausgesetzt wurden, während andererseits die zentralasiatischen Populationen Sexuales hervorbringen und den Holozyklus durchführen. In entsprechender Weise hat *Lipaphis erysimi pseudobrassicae* (DAVIS), von Kohl am Weißen Nil gesammelt und lebend nach Rostock überführt, die parthenogenetische Generationenfolge unter herbstlichen Freilandbedingungen beibehalten. In den beiden Fällen hat sich die Anholozyklie als ein inhärentes Merkmal erwiesen.

References

BARBAGALLO, S. & STROYAN, H. L. G. (1982): Biological, ecological and taxonomic notes on the aphid fauna of Sicily. – Frustula Entom. (Pisa), N. S. **III** (XVI): 1–182. (In Italian.)

BLACKMAN, R. L. (1979): Stability and variation in aphid clonal lineages. – Biol. J. Linn. Soc. **11**, no. 3: 259 bis 277.

BODENHEIMER, F. S. & SWIRSKI, E. (1975): The Aphidoidea of the Middle East; 378 pp. – The WEIZMANN Science Press of Israel, Jerusalem.

BÖRNER, C. (1952): Europae centralis Aphides. – Mitt. Thür. Bot. Ges. Beiheft 3, Weimar.

DAIBER, C. (1970): Cabbage aphids in South Africa: the influence of temperature on their biology. – Phytophylactica (Pretoria) **2**: 149–156.

EASTOP, V. F. (1958): A Study of the Aphididae (Homoptera) of East Africa, 126 pp. — Her Majesty's Stationery Office, London.

– (1971): Keys for the identification of *Acyrthosiphon* (Hemiptera: Aphididae). – Bull. Brit. Mus. Nat. Hist. (Ent.) **26**, no. I, 115 pp.

– (1979): Key to the genera of the subtribe Aphidina (Homoptera). – Syst. Entom. **4**: 379–388.

– & HILLE RIS LAMBERS, D. (1976): Survey of the World's Aphids. – Dr. W. JUNK Publishers, The Hague.

HALL, W. J. (1926): Notes on the Aphididae of Egypt. – Min. Agric. Egypt, Techn. and Scient. Serv. Bull. Nr. 68, 62 pp, Cairo.

KAWADA, K. & TAMOTSU, M. (1979): Apterous males and holocyclic reproduction of *Lipaphis erysimi* in Japan. – Ent. exp. et appl. **26**: 343–345.

KHALID MUDDATHIR (1976): Studies on the biology of wheat aphids in the Gezira (D. R. Sudan) (Homoptera: Aphididae). – Beitr. Entom. Berlin **26**: 465–469.

LECLANT, F. (1967): Un *Schizaphis* nonveau du sud de la France (Hom. Aphididae). – Ann. Soc. Ent. France (N. S.) **3**: 451–457.

MORDVILKO, A. (1914): Faune de la Russie et des pays limitrophes, Insectes Hémiptères, I. Aphidoidea, 1–236. – Zool. Mus. Acad. Sci. Petrograd. (In Russian.)

– (1929): Food Plant Catalogue of the Aphididae of USSR. – Trudy po priklad. Ent. Leningrad 14: 1—100.

MÜLLER, F. P. (1975): Incidence of the aphid *Acyrthosiphon gossypii* MORDVILKO on legumes and on cotton (Homoptera: Aphididae). — Beitr. Entom. Berlin **25**: 257—260.

— (1977): Vergleich einer tropischen mit einer mitteleuropäischen Population von *Aphis craccivora* KOCH. — Dtsch. Ent. Z., N. F., **24**: 251—260.

— & EL TIGANI M. EL AMIN (1979): Identification of the alatae of common and exonomically important aphids in the Democratic Republic of the Sudan. — Wiss. Z. WILHELM-PIECK-Univ. Rostock **28**, Math.-naturw. Reihe Heft 6: 609—614.

— & — (1980): Eine neue *Protaphis*-Art von Sonchus aus dem Sudan. — Beitr. Entom. Berlin. **30**: 35—39.

—, — & KHALID MUDDATHÎR (1977): A preliminary simplified key for the aphid hitherto recorded from the Democratic Republic of the Sudan. — Wiss. Z. WILHELM-PIECK-Univ. Rostock **26**, Math.-naturw. Reihe Heft 3: 245–249.

NARZIKULOV, M. N. & UMAROV, SH. A. (1969): (Blattläuse (Homoptera, Aphidinea) in Tadshikistan und angrenzenden Gebieten von Zentralasien.) – Fauna of the Tajik SSR, tome **IX**, part. II, 229 pp., Duschanbe. (In Russian.)

NEVSKY, V. P. (1929): (Die Blattläuse Mittelasiens.) – Trudy Usbekist. opyt. Sta. zashch. Rast. Taschkent, no. 16, 425 pp. (In Russian.)

SHURAVLEVA, I. A. (1956): (Biology and noxiousness of the big cotton aphid (*Acyrthosiphon gossypii* MORDV.) in Usbekistan.) – Trudy Inst. Zool. Parasitol. AN Usbek. SSR, no. 7: 31–48, Taschkent. (In Rursian.)

THEOBALD, F. V. (1918): African Aphididae, part. III. – Bull. Ent. Res. **8**: 273–294.

VAN HARTEN, N. A. & ILHARCO, F. A. (1970): Notes on the aphid fauna of Angola, with the description of a new species of *Schizaphis* BÖRNER (Homoptera, Aphidoidea). – Revista Ciencias Biologicas **3**, Ser. A: 1–24.

Prof. G. REMAUDIERE (1954: Aphidoidea récoltés au Sahara Central. – Trav. de l'Inst. de Rech. Sahar., Sér. de Tassili tome III: 147—149) notifies *Brachyunguis* sp. on Calotropis procera from Marocco, southern Sahara, Niger, and Iran. He examined paratypes and informed me that the aphids in question are *B. ushari*.

Authors adress:

Prof. Dr. sc. phil. F. P. MÜLLER
WILHELM-PIECK-Universität Rostock,
Sektion Biologie,
Phyto-Entomologie,
DDR-2500 Rostock
Wismarsche Str. 8
Prof. Dr. agr. EL TIGANI M. EL AMIN
Director Gezira Research Station,
Wad Medani, D.R. Sudan

Dtsch. ent. Z., N. F. 33 (1986) 1—2, 10

Buchbesprechungen

RESH, V. H. & D. M. ROSENBERG (Eds.): **The ecology of aquatic insects.** — Holt Saunders Ltd., Praeger Publishers, New York, 1984, ISBN 0-03-059684-X, 625 pp., £ 36,95.

Mit der Herausgabe dieses Buches werden zwei Ziele verfolgt. Es soll einen Überblick zum gegenwärtigen Erkenntnisstand der Ökologie der Wasserinsekten liefern und gleichzeitig die Probleme herausstellen, die einen bedeutenden Erkenntnisgewinn versprechen und deshalb weiterer Forschungsarbeit bedürfen. Für die Bearbeitung der einzelnen Kapitel des Buches konnten 24 exponierte Entomologen gewonnen werden, die den Erfolg des vorliegenden Werkes garantieren.

Auf eine Abhandlung der Ökologie der einzelnen aquatischen Ordnungen bzw. Gruppen wurde verzichtet. Das Buch ist in 19 Kapitel gegliedert, die jeweils einen ökologischen Themenkreis abhandeln, z. B. Entwicklungszyklus und Autökologie, Beziehung zwischen Taxonomie und Ökologie, Räuber-Beute Relationen, Besiedlungsdynamik, Insekt-Substrat Beziehungen, Sekundärproduktion, Verhaltensmuster von Larven und Imagines, Bedeutung als Primärkonsumenten, Einfluß der Gewässerverschmutzung, Bedeutung des Hyporheals. Die Auswahl der Themen reflektiert die Schwerpunkte der ökologischen Forschung in der Limnoentomologie. Im Vorwort wird darauf hingewiesen, daß sich eine enge Verbindung mit anderen Disziplinen als äußerst nützlich erwiesen hat. Der Rezensent bedauert, daß eine Bearbeitung des ökologisch-genetischen und ökologisch-zoogeographischen Beziehungsgefüges keine Berücksichtigung finden konnte. Die einzelnen Kapitel sind methodisch sehr gut untergliedert und jeweils speziell auf die abgehandelte Thematik zugeschnitten. Neben der zusammenfassenden Darstellung des bisherigen Wissens werden auch die Probleme deutlich gemacht, auf die sich die Forschung konzentriert. Die gegenwärtig verfolgten Hypothesen und Theorien werden berücksichtigt. Sie sind durch Beispiele belegt, die alle aquatischen Insektengruppen umfassen, jedoch vornehmlich aus dem nordamerikanischen Faunengebiet stammen. Ein umfassendes Literaturverzeichnis zu jedem Kapitel, das überwiegend nordamerikanische Arbeiten zitiert, ermöglicht ein tieferes Eindringen in die abgehandelten Themenkreise.

Das Buch ist eine gelungene Darstellung der Ökologie aquatischer Insekten. Es ist ein wichtiges Arbeitsmittel für alle Limnoentomologen und kann jedem interessierten Entomologen und Ökologen gleichermaßen empfohlen werden. W. MEY, Potsdam

MEHLHORN, H., & PETERS, W. (1983).: **Diagnose der Parasiten des Menschen einschließlich der Therapie einheimischer und tropischer Parasitosen.** — Stuttgart + New York (GUSTAV FISCHER Verlag); X + 275 S., 103 Abb., 4 Tab.; geb. 68.00 DM.

Dieses reichlich und zumeist vorzüglich (oft auch farbig) bebilderte — durch einfache Bestimmungsschlüssel ergänzte — Diagnosebuch ist auf die medizinische Laborpraxis zugeschnitten und bezieht seine Motivation von dem zunehmenden Tourismus in warme Länder sowie der Sorglosigkei , mit der eben diese Touristen sich gegenüber den zahlreichen dortigen Infektionsgefahren zu verhalten pflegen. Im großen ganzen beurteile ich das handliche und übersichtliche Buch recht günstig. Man merkt, daß die Autoren sich in allen Gebieten bemüht haben, die neuesten Erkenntnisse zu berücksichtigen; auch die Sorgfalt bei der Erstellung des Registers ist anzuerkennen. Bei Nomenklaturfragen bestehen dagegen manche Mängel (u. a. häufig wichtige Synonyme wegglassen oder nicht korrekt zitiert bzw. so, als ob es Untergattungsnamen wären; teilweise auch falsche Artnamen), auch ist die Kursivschreibung der Gattungsnamen nicht immer konsequent durchgeführt. Die falsche Gattungsbezeichnung *Phthirus* ist wirklich fast unverzeihlich; auch ist nicht einzusehen, wieso die vorbildlichen Elmi-Aufnahmen zweier Mallophagenarten auf S. 213 weder Art-noch Wirtsangaben tragen. Daß Federlinge „leicht auf den Menschen überwechseln" (S. 208), kann man eigentlich so nicht sagen. Bei der Behandlungstechnik von Ektoparasiten fehlt (S. 171) die Abtötung von Fliegenlarven mit kochendem Wasser. Der Chemotherapie-Tabelle (S. 241 ff.) kann Rezensent nur unter Vorbehalt zustimmen; und hinsichtlich der Bekämpfung der Ektoparasiten (S. 252) mahnt er erst recht zur Mäßigung. Die kommentarlose Bezugnahme auf die „Rote Liste" muß den Naturwissenschaftler irritieren: er versteht darunter nämlich die Liste der vom Aussterben bedrohten Tier- und Pflanzenarten. WD. EICHLER (Berlin)

Dtsch. ent. Z., N. F. **33** (1986) 1—2, 11—19

Morphologische Differenzen zwischen nahverwandten Arten am Beispiel von Anax parthenope und A. julius (Odonata, Aeshnidae)

(Odonata, Aeshnidae)

Von

GÜNTHER PETERS

Mit 2 Abbildungen und 4 Tabellen im Text

Abstract

By morphometrical analysis of several wing proportion and venation characters the specific status of *Anax parthenope* SELYS and *A. julius* BRAUER is reasserted and confirmed. Both species are the nearest relatives to each other (sister species). Due to autapomorphic changes, *A. julius* cannot be considered as the surviving ancestral species, notwithstanding the prevailing plesiomorphic appearance of some other of its characters in comparison to *A. parthenope*.

Im Verlaufe vorbereitender Untersuchungen an den in Europa vorkommenden Aeshniden zu ihrer Präsentation in einem Band der „Neuen BREHM-Bücherei" ergab sich u. a. die Frage nach der taxonomischen Beurteilung der Übereinstimmungen und Unterschiede zwischen den *Anax*-Formen *parthenope* und *julius*. *Anax parthenope* wurde 1839 von SELYS beschrieben, *Anax julius* 16 Jahre später von BRAUER. Bis zu Beginn des 20. Jahrhunderts scheint niemand am Status der beiden Arten gezweifelt zu haben, KIRBY (1890) zitierte sie noch als separate Arten. Erst MARTIN degradierte *julius* 1908 zu einer „race" von *A. parthenope*. Doch als eine im wesentlichen südlich des 50. Breitengrades lebende transpaläarktische Species würde *A. parthenope* unter Einschluß von *julius* eine biogeographische Ausnahmeerscheinung unter den Libellen Eurasiens darstellen, allenfalls vergleichbar mit dem trotz einiger Unterartbeschreibungen wenig erkundeten *Sympetrum striolatum* CHARP. Sehr wahrscheinlich aber ist das transpaläarktische Areal von *parthenope-julius* eine Fiktion.

Die von mir (PETERS 1985) erwähnten beiden Exemplare aus der westmongolischen Senke der Großen Seen, wo noch weitere gesehen wurden, sowie die Mitteilung von BELYSHEV (1973, p. 395) über eine Sichtbeobachtung am See Gusinoje südwestlich des Baikals bezeichnen die sicheren und möglichen östlichsten Fundpunkte von *parthenope* in Zentralasien und Süd-Sibirien. Am Chanka-See im sowjetischen Fernen Osten (Ussuriland), wie überhaupt in ganz Ostasien von Hokkaido im nördlichen Japan bis nach Vietnam im Süden (2 Expl. in der Sammlung des Zoologischen Museums Berlin = ZMB) fliegt die *julius*-Form. Im östlichen China ist sie nach NEEDHAM (1930) weithin die häufigste der *Anax*-Species, und es gibt sie auch auf Taiwan. SJÖSTEDT (1934) meldete *A. parthenope julius* vom Etsin-gol in Zentralasien, aus N-Kansu (Lanchow am Hoang-ho; 36° N, 104° E), aus S-Kansu (Oberlauf des Tao-ho; 34° N, 104° E) und aus NE-Szechuan (Fluß Kialing ho; 30—32°, 106° E). Nach diesen Angaben zu urteilen ist *julius* entlang der Täler der großen chinesischen Ströme bis in die östlichen Randgebirge Zentralasiens hinein verbreitet und fliegt möglicherweise entlang der Nan-shan-Ketten nordwestwärts gelegentlich bis an den Etsin-gol. Die *parthenope*-Form jedoch gelangte in die Mongolei vermutlich von Westen her entlang des Schwarzen Irtyš, denn am Zaisan-See, den dieser Strom in seinem Oberlauf durchfließt, registrierte sie BELYSHEV (l. c.). Ob sie auch durch die Džungarische Pforte nach Zentralasien vordringen konnte und vielleicht auch im Tarim-Becken (z. B. am „wandernden See" Lob-nor) vorkommt, ist unbekannt.

Die wesentlichen morphologischen Differenzen zwischen beiden Formen sind größtenteils bereits in den Originalbeschreibungen erwähnt worden. HAGEN (1867) bestritt lediglich und zu Recht Unterschiede im Bau der weiblichen Appendices, die BRAUER (1865) wahrgenommen haben wollte. MARTIN (1909) erwähnte, daß *julius* längere Pterostigmata (pt), eine zweifarbige Membranula (statt einer einfarbigen), eine anders gezeichnete Stirnoberseite und einen grünen Thorax habe. Verschiedenheiten im Bau der männlichen Appendices und des Kopulationsapparates hob BUCHHOLZ (1955) hervor.

Tabelle 1
Differenzen in der pt-Länge (in mm) zwischen *A. parthenope* und *A. julius*

	parthenope		*julius*	
	♂♂	♀♀	♂♂	♀♀
N	34	30	14	9
Grenzwerte	3,8 – 5,1	3,8 – 5,3	4,8 – 6,0	5,2 – 6,0
$\bar{x} \pm m_{\bar{x}}$	4,2 ± 0,04	4,6 ± 0,06	5,4 ± 0,09	5,6 ± 0,10

Tabelle 2
Die Länge des Pterostigmas in % der Vorderflügellänge

	parthenope-♂♂	*julius*-♂♂	$t_{\bar{x}}$	*parthenope*-♀♀	*julius*-♀♀	$t_{\bar{x}}$
N	33	15		23	8	
Grenzwerte	8,09 – 10,30	9,69 – 11,47		7,93 – 10,70	9,88 – 11,31	
$\bar{x} \pm m_{\bar{x}}$	9,01 ± 0,090	10,60 ± 0,182	7,8	9,47 ± 0,140	10,80 ± 0,164	6,2

Im Vergleich mit anderen *Anax*-Species muß folgenden Differenzen arttrennende Bedeutung zuerkannt werden: *A. julius* hat einen gelbgrünen bis grasgrünen Thorax, *A. parthenope* einen grau- bis violettbraunen; die Membranula aller 4 Flügel ist bei *julius* basal grau, sonst graubraun, bei *parthenope* einfarbig graubraun bis braungrau gefärbt. Der Kiel auf den Appendices superiores (App. sup.) der Männchen endet bei *julius* vor dem „Endlappen", bei *parthenope* läuft er zur Spitze hin aus (BUCHHOLZ l. c.). Die Unterschiede in den Längen des pt sind bei Männchen und Weibchen nahezu absolut (Tab. 1). Dabei hat *Anax julius* in beiden Geschlechtern nicht nur absolut längere, sondern auch relativ längere pt als *A. parthenope* (Tab. 2). Die Mittelwertdifferenz zwischen den Geschlechtern ist nur im Falle von *parthenope* annähernd signifikant ($t_{\bar{x}} = 2{,}7$; *julius*: $t_{\bar{x}} = 0{,}8$). Durch die bei *julius* fehlende Geschlechtsdifferenz in der pt-Länge erhält der formenspezifische Unterschied in diesem Merkmal einen qualitativen Charakter.

Nicht bestätigen lassen sich anhand der vergleichenden Untersuchungen von 65 *parthenope* und 23 *julius*, die aus fast allen Teilen ihrer Verbreitungsgebiete stammen, folgende Unterschiede: Individuen mit relativ hell gefärbten Beinen (MARTIN 1909) gibt es bei *parthenope* ebenso wie auch Männchen, deren App. inf. in der Mitte weder eingekerbt noch eingebuchtet ist (BUCHHOLZ l. c.). Ferner ist das 1. Abdominalsegment von *julius*, wie BUCHHOLZ meinte, nicht immer breiter als das zweite. Die großen Ähnlichkeiten im Bau der Appendices und, entsprechend, in der besonderen Strukturierung der Occipitalregion der Weibchen sowie auch in der Gestalt der Vesica spermalis (PFAU 1970), bei BUCHHOLZ und anderen Autoren noch als Penis bezeichnet, sprechen für die enge Verwandtschaft beider Arten.

Ausgehend von der Hypothese, *parthenope* und *julius* seien nahverwandte Libellenformen, wurde nicht nur das Maß der pt-Länge, sondern eine Reihe von weiteren morphometrischen Merkmalen untersucht, um im Vergleich der Formen untereinander sowie mit einigen weiteren *Anax*-Species (*guttatus*, *imperator*, *junius*, *maclachlani*, *strenuus*, *tristis* und *walsinghami*) eventuell zusätzliche Kriterien zu finden, die die 2-Arten-Hypothese stützen könnten: die Länge von Vorder- und Hinterflügel (Vfl bzw. Hfl) als Bezugsmaße, die Länge des distalen Vfl-Teils zwischen Basis und Nodus in Relation zur Gesamtlänge des Vfl (Vfl-Index), das Verhältnis zwischen maximaler Breite und Länge des Hfl (Hfl-Index), die Anzahl der Antenodal- und Postnodalqueradern (Anq, Pnq) im Vfl und Hfl, die Anzahl der Flügelrandzellen (Rz) zwischen den Mediana-Ästen M_1 und M_3, die Anzahl der Zellen innerhalb der Analschleife (Afz) der Hfl sowie die Länge des Kopfes (Stirnkante – Occiputkante) im Verhältnis zu seiner von den Komplexaugen bestimmten Breite (Kopfindex). Die Befunde aus diesen Erhebungen führten in einigen Punkten zu Einsichten, deren Bedeutung, wie im Titel der Mitteilung ausgedrückt, über den Rahmen der ursprünglichen Fragestellung nach der Identität von *julius* hinausgeht.

Die Flügellängen sind die einzigen Körpermaße, die mit hinreichender Genauigkeit noch an den meisten Sammlungsstücken, die ja oft bereits recht alt sind, gemessen werden können. (In der Sammlung des ZMB befinden sich u. a. 3 *parthenope*-Exemplare, die CHR. G. EHRENBERG 1820/22 in Ägypten einfing). Nach dem Maß der Vfl-Länge ist *parthenope* deutlich kleiner als *julius* (47,7 ± 0,27 mm gegen 51,3 ± 0,24 mm; $t_{\bar{x}}$ = 10,1). Auch die 3 weiteren *Anax*-Arten, die wie diese beiden Riesenareale in verschiedenen Weltteilen innehaben und habituell mit ihnen annähernd übereinstimmen, sind durchschnittlich größer als *parthenope*: *A. junius* mit 49,5 ± 0,46 mm (N = 20), *A. imperator* mit 49,9 ± 0,02 mm (N = 29) und *A. guttatus* mit 53,0 ± 0,30 mm Vfl-Länge. Im Unterschied zu den 3 Vergleichsarten zeichnen sich *parthenope* und *julius* gemeinsam dadurch aus, daß die Männchen im Mittel kleinere Vfl haben als die Weibchen (*parthenope*-♂♂ 46,6 ± 0,28 mm, ♀♀ 48,7 ± 0,36 mm, $t_{\bar{x}}$ = 4,2; *julius*-♂♂ 50,7 ± 0,26 mm, ♀♀ 52,0 ± 0,37 mm; $t_{\bar{x}}$ = 2,9). Geschlechtsbestimmte Flügellängenunterschiede können für *guttatus*, *imperator* und *junius* zwar nicht gänzlich ausgeschlossen werden, dürften jedoch um eine Zehnerpotenz geringer ausfallen. Mit einer Vfl-Längendifferenz von 9,2 mm zwischen dem größten und kleinsten Tier weist *A. parthenope* die größte Variabilität auf, gefolgt von *guttatus* und *junius* mit rund 7.5 mm; bei *julius* beträgt die beobachtete Breite der Größenschwankung um 4.8 mm. Die größten *parthenope* fliegen am unteren Nil und rings um das Schwarze Meer, die kleinsten in Mitteleuropa und Mittelasien. Die kleinsten *julius* leben in Zentralchina, die größten auf den japanischen Inseln und Taiwan.

Die Maße der Hfl-Längen ergeben, absolut etwas hinter denen der Vfl zurückbleibend, ein analoges Bild, so daß auf ihre Wiedergabe verzichtet werden kann. Auch in diesem Merkmal ist die Geschlechtsdifferenz bei *julius* geringer als bei *parthenope* und nach den Werten aus der untersuchten Probe statistisch nicht abzusichern. Im Hfl-Index gibt es weder Differenzen zwischen beiden Formen noch zwischen den Geschlechtern ($\bar{x}$ = 30,4 – 30,6 %).

Von Interesse für die Bewertung der Unterschiede in der Anzahl der Queradern zwischen Costa und Radius (Anq und Pnq) ist der Vfl-Index, d. h. der Anteil des distalen Abschnitts des Vfl (Basis bis Nodus) an seiner Gesamtlänge. Unabhängig vom Geschlecht entfallen bei *parthenope* 47,0 ± 0,18 % auf seinen basalen Teil, bei *julius* sind es 46,4

± 0,18 %. Die Mittelwertdifferenz ist mit t = 2,4 nicht signifikant. Zwischen beiden Werten liegt jedoch der von *A. junius* (46,8 ± 0,24 %), etwas darüber der von *A. imperator* (47,4 ± 0,15 %). Im Bereich von 47—48 % dürften nach wenigen vermessenen Exemplaren zu urteilen, auch die Indexwerte von *A. nigrofasciatus* und *longipes* liegen, die etwa so groß und ebenso proportioniert sind wie *A. parthenope*. Durchschnittlich höhere Werte (47,5—50,0 %) erreichen die tropischen Arten *A. maclachlani* (Neuguinea), *strenuus* (Hawaii), *tristis* (Zentralafrika) und *walsinghami* (Zentralamerika), die nicht nur größer sind (Vfl-Längen 58—61 mm), sondern vor allem durch ein extrem verlängertes Abdomen auffallen. Im Wertebereich ihrer Vfl-Indices bewegt sich überraschenderweise aber auch *A. guttatus* mit 49,9 ± 0,14 % (N = 27). Diese Zahlen bedeuten, daß *A. parthenope* und *julius* trotz ihrer erheblichen Größenunterschiede ungefähr gleichförmig proportionierte Vfl haben, während beim habituell ähnlich gebauten *guttatus* ein beträchtlich höherer Anteil der Gesamtflügellänge auf dessen distalen Teil entfällt. Festgehalten sei ferner, daß bei *parthenope*, obwohl mit signifikant kleineren Vfl ausgestattet, ein prozentual gleich großer, eher aber größerer Anteil der Vfl-Länge auf den basalen Teil zwischen Basis und Nodus entfällt. Mit anderen Worten: auf ihre Größen bezogen, hat entweder *julius* einen vergleichsweise geringen oder aber — umgekehrt — *parthenope* einen überhöhten Vfl-Index.

Tabelle 3
Vergleich der Zahlenwerte über die Antenodal- und Postnodalqueradern von *Anax parthenope*, *A. julius* und *A. guttatus*

		parthenope	$t_{\bar{x}}$	*julius*	$t_{\bar{x}}$	*guttatus*
Anq/Vfl	N	129		56		80
	Grenzwerte	12 — 18		13 — 19		16 — 21
	$\bar{x} \pm m_{\bar{x}}$	14,4 ± 0,11	6,7	15,8 ± 0,18	5,1	18,2 ± 0,13
Anq/Hfl	N	130		56		80
	Grenzwerte	8 — 13		9 — 14		11 — 16
	$\bar{x} \pm m_{\bar{x}}$	10,3 ± 0,07	6,6	11,4 ± 0,15	7,4	12,8 ± 0,12
Pnq/Vfl	N	129		56		80
	Grenzwerte	6 — 10		6 — 10		6 — 12
	$\bar{x} \pm m_{\bar{x}}$	8,0 ± 0,09	1,3	7,8 ± 0,12	3,5	8,4 ± 0,12
Pnq/Hfl	N	130		56		80
	Grenzwerte	7 — 13		6 — 12		8 — 13
	$\bar{x} \pm m_{\bar{x}}$	9,4 ± 0,09	2,3	9,0 ± 0,15	5,9	10,0 ± 0,11

Nach diesen Daten wäre nun zu erwarten, daß bei *parthenope* die Anzahl der Anq zumindest nicht geringer sein sollte als bei *julius* und — entsprechend — die Anzahl der Pnq im Vfl eher kleiner als größer. Keine von beiden Versionen trifft zu: *A. parthenope* hat im Vfl und auch im Hfl signifikant weniger Anq und eher mehr als weniger Pnq (Tab. 3). Falls aber die der Flügelvorderkante durch die Queradern vermittelte Stabilität nicht von deren Proportionierung, sondern von der absoluten Länge abhängen sollte — wie aus dem Vergleich mit den Daten über *A. guttatus* (Tab. 3) zu schließen ist —, so wären dementsprechend für *parthenope* im Vergleich zu *julius* sowohl weniger Anq als auch weniger Pnq zu erwarten. Diese Annahme aber läßt sich nur für die Anq (in beiden Flügelpaaren) bestätigen. Für die Anzahl der Pnq gibt es keine statistisch gesicherten Mittelwertdifferenzen. Aus der graphischen Darstellung (Abb. 1), die im übrigen sehr klar demonstriert, daß die Anzahl aller Anq und Pnq mit steigender Flügellänge nicht nur von Art zu Art, sondern auch innerhalb der Arten zunimmt, kann aber abgelesen werden, daß die Anzahl der Pnq bei *julius* in beiden Flügelpaaren

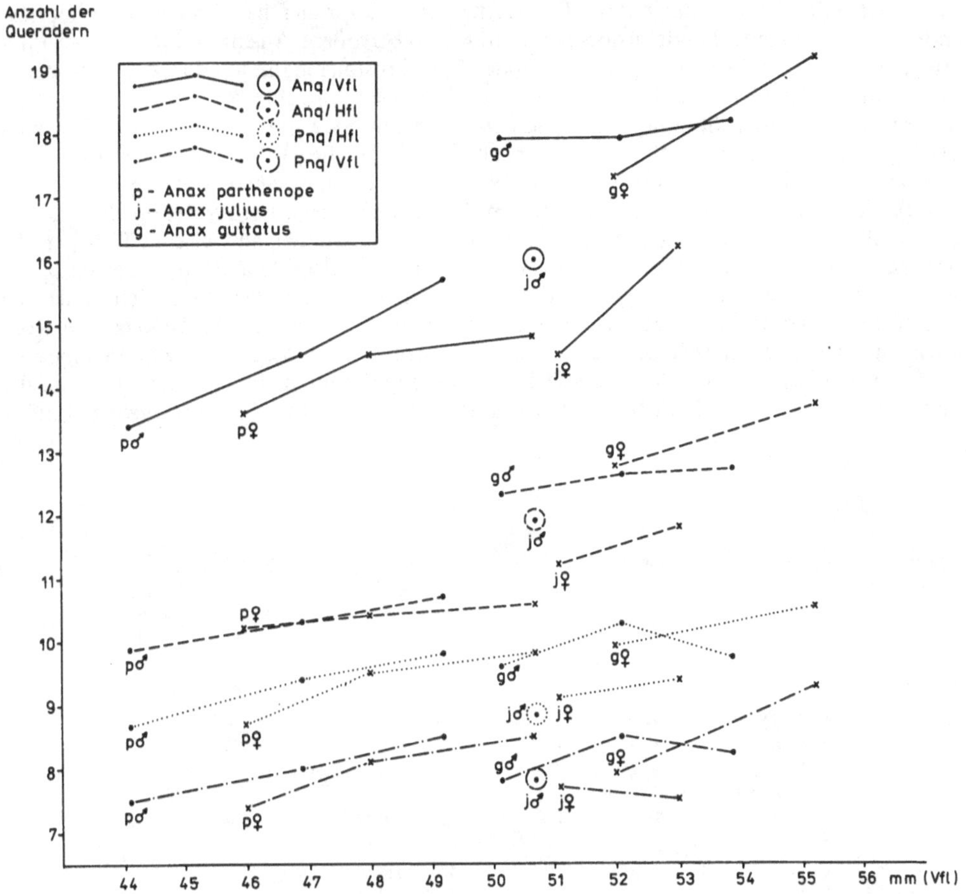

Abb. 1
Die Relationen zwischen den Werten der Antenodal- sowie Postnodalqueradern und der Flügellänge (Vfl-Länge als Bezugsmaß) bei *A. parthenope* im Vergleich mit *A. julius* und *A. guttatus*. Für beide Geschlechter von *parthenope* und die *guttatus*-Männchen wurden je 3 Größenklassen gebildet, für die Weibchen von *guttatus* und *julius* 2 und für die *julius*-Männchen nur eine. Deutlich zu erkennen sind die bei *A. julius* im Vergleich zu *A. parthenope* und *guttatus* herabgesetzten Pnq-Werte in beiden Flügelpaaren.

herabgesetzt ist. Aus diesem Vergleich über die Anq- und Pnq-Zahlen ergibt sich somit ein sehr klares Indiz für species-spezifische Differenzen zwischen *parthenope* und *julius* (Tab. 3).

Eine für Männchen und Weibchen getrennt vorgenommene Berechnung der Mittelwerte für die verschiedenen Kategorien der Queradern ergab keine statistisch bemerkenswerten Geschlechtsunterschiede. Im allgemeinen zeigen die Männchen, obwohl im Mittel kleiner bleibend, nicht etwa kleinere, sondern höhere Mittelwerte (s. Abb. 1); lediglich bei *A. guttatus* ergab sich bezüglich der Anq im Hfl für die Weibchen ein nahezu signifikant höherer Anq/Hfl-Mittelwert (13,3 ± 0,22 gegenüber 12,6 ± 0,12 $t_{\bar{x}} = 2,8$).

Da die Größe der Imago von der final erreichten Larvengröße bestimmt wird, fällt es schwer, sich vorzustellen, daß die heranwachsende Larve „wissen“ sollte, wieviel Queraderanlagen sie entsprechend der zu erwartenden Größe des hernach aus ihr hervorgehenden Vollinsekts in ihren Flügelscheiden vorzuprägen hat: Eine in der Endphase ihres Wachstums angelangte große Larve müßte eine größere Anzahl von Anq- und Pnq-Anlagen ausbilden als eine kleiner bleibende. Für plausibler halte ich die Antithese dieser Spekulation. Bei kleineren Larven besteht die Tendenz, einzelne rsp. einige Anlagen zu unterdrücken, wobei die Anq von dieser Oligomerisation weitaus stärker betroffen sind als die Pnq. Diese Hypothese gilt zunächst nur für die 3 hier in Rede stehenden *Anax*-Species, allerdings auch innerhalb jeder einzelnen von ihnen, wenn großwüchsige mit kleineren Artgenossen verglichen werden. Ob sie einen generellen Wert für die Analyse der Libellenevolution hat, müßte durch ähnliche Untersuchungen an weiteren Taxa geprüft werden. Noch nicht abgeschlossene Erhebungen am Vierfleck (*Libellula quadrimaculata*) scheinen die Oligomerisationshypothese zu bestätigen, denn die größeren mitteleuropäischen haben mehr Queradern als die kleineren zentralasiatischen. Die gleiche Tendenz gilt wohl auch für das vergleichsweise deutlich größere nord- und ostmongolische *Sympetrum vulgatum imitans* (PETERS 1985). Diese Form hat signifikant mehr Anq und Pnq als die körperlich kleineren Individuen der Art in der W-Mongolei und in Mitteleuropa (PETERS 1972).

Tabelle 4
Anzahl der Flügelrandzellen (Rz) zwischen M_1 und M_3 sowie der Zellen innerhalb der Analschleife (Afz)

		parthenope	*julius*	$t_{\bar{x}}$
Rz/Vfl	N	113	43	
	Grenzwerte	30 – 44	30 – 44	
	$\bar{x} \pm m_{\bar{x}}$	34,1 ± 0,23	36,8 ± 0,47	5,2
Rz/Hfl	111	44		
	Grenzwerte	30 – 42	33 – 46	
	$\bar{x} \pm m_{\bar{x}}$	35,7 ± 0,24	38,5 ± 0,46	5,4
Afz	N	129	46	
	Grenzwerte	9 – 18	11 – 15	
	$\bar{x} \pm m_{\bar{x}}$	12,9 ± 0,12	13,8 ± 0,18	4,1

Zwei weitere Geädermerkmale, nämlich die Anzahl der den Flügelaußenrand zwischen den M_1- und M_3-Ästen begleitenden Zellen (Rz) sowie ihre Stückzahl im Analfeld (Afz), können als Anzeiger für die Dichte des Geäders in zwei markanten Flügelteilen gewertet werden. Das diesbezügliche Datenmaterial enthält Tab. 4.

In keinem der beiden Merkmale waren sexuelle Mittelwertdifferenzen erkennbar. Eine diesen groben statistischen Vergleich verfeinernde graphische Darstellung der Daten aber läßt am Beispiel der Rz-Zahlen im Vfl, bezogen auf dessen Länge, sofort erkennen, daß geschlechtsspezifische Unterschiede bestehen (Abb. 2). Vor dem Hintergrund einer schnellen Zunahme in der Anzahl der Rz mit ansteigender Flügellänge erweist sich, daß die Gruppe der großen *parthenope*-Männchen mit einem Vfl-Längen-Durchschnittswert von 48,1 mm signifikant mehr Rz im Vfl hat als die Gruppe der gleichgroßen kleinen *parthenope*-Weibchen mit einer durchschnittlichen Vfl-Länge von ebenfalls 48.1 mm. Die Rz-Werte dieser Männchen betragen 36,3 ± 0,31, die der Weibchen 33,1 ± 0,32 ($t_{\bar{x}} = 7{,}2$). Im Falle von *A. julius* sind die Differenzen, selbst unter Hinzunahme zweier japanischer Männchen mit extrem hohen Rz-Zahlen, unerheblich (37,1 gegen 36,2). Wie schon im Falle der pt-Länge zeigt *A. parthenope* auch in diesem Merkmal vergleichsweise deutliche Geschlechtsunterschiede.

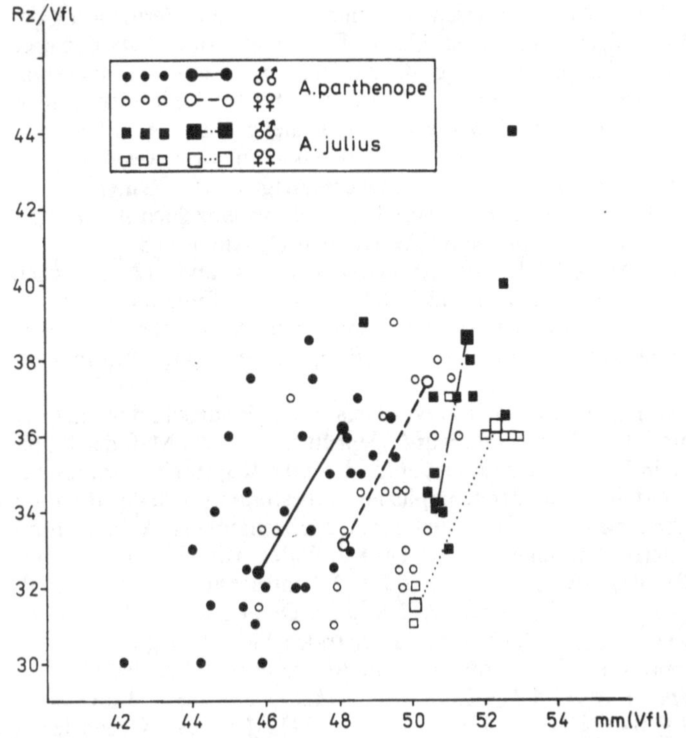

Abb. 2
Graphische Illustration der positiven Korrelation zwischen der Anzahl der Flügelrandzellen im Vfl und der Flügellänge und der diesbezüglich unterschiedlich stark ausgeprägten Sexualdifferenzen bei *A. parthenope* und *julius*.

Die Mittelwertdifferenzen zwischen Vfl und Hfl in der Anzahl der Randzellen sind statistisch annähernd (*julius*: $t_{\bar{x}} = 2,8$) bzw. sicher signifikant (*parthenope*: $t_{\bar{x}} = 4,8$). Bemerkenswert ist auch der Umstand, daß die Werteverteilungen (Histogramme) in beiden Arten und jeweils für beide Flügelpaare eine mehr oder minder deutliche Bimodalität vermuten lassen, wobei Individuen mit auffallend viel Randzellen in den Vfl stets auch eine erhöhte Anzahl von Randzellen in den Hfl haben. Die *julius*-Exemplare der Probe mit extrem hohen Rz-Werten (42–44 im Vfl und 44–46 im Hfl) stammen aus Japan, und es sind die größten aller untersuchten Stücke. Die Werte der übrigen Tiere, darunter auch weiterer japanischer, gehorchen der Normalverteilung im Bereich von 30–40 (Vfl) rsp. 33–42 (Hfl). Rechnet man im Falle von *A. parthenope* die zwischen M_1 und M_3 befindlichen Randzellen aller 4 Flügel zusammen, so ergeben sich pro Individuum Summenwerte zwischen 126 und 159 bei einem Mittelwert von 140 ± 1,2. Am häufigsten sind jedoch Exemplare mit 131–135 sowie mit 146–150 Rz. Libellen mit relativ wenig Randzellen können ebenso wie solche mit relativ vielen in beliebigen Arealteilen gefunden werden, jedoch sind „vielzellige" Tiere dort, wo *parthenope* generell besonders groß wird, (Mediterraneis, Schwarzmeergebiet) erheblich häufiger anzutreffen als anderswo (nur 4 von 18 Stücken mit mehr als 145 Rz stammen aus Mitteleuropa und Mittelasien). Es sei noch hinzugefügt, daß eine hohe Anzahl von Flügelrandzellen individuell nicht mit einer vergrößerten pt-Länge korreliert ist.

Beiden *Anax*-Formen ist also – statistisch gesehen – eine Tendenz zur Vermehrung der Flügelrandzellen bei großwüchsigen Individuen eigen. Für eine evolutionsbiologische Deutung des Phänomens bietet sich jedoch wiederum die Oligomerisationshypothese an: Mit der Verringerung der Körpergröße geht eine Herabsetzung der Zellzahlen einher. Die kleinere *A. parthenope* hat im Mittel weniger Rz als die größere *A. julius*, und kleinere *parthenope*-Individuen haben ebenso wie kleinere *julius* in aller Regel weniger Randzellen zwischen den M_1- und M_3-Ästen als größere Artgenossen. Unter diesem Gesichtspunkt erscheinen z. B. Rz-Summenwerte von 146–156 bei einzelnen *parthenope*-Stücken aus Brandenburg und vom Dojran-See in Mazedonien als Atavismen.

Die Anzahl der Zellen in der Analschleife (Afz) ist relativ wenig variabel: 12–14 Zellen in 78 ± 3,6% der Fälle bei *parthenope* und 13–15 in 89 ± 4,6% der Fälle bei *julius*. Die Streuung der Werte entspricht, von einzelnen Tieren mit Entwicklungsanomalien abgesehen (einmal nur 7 Zellen bei *parthenope* und einmal 19 bei *julius*), weitgehend der Normalverteilung.

Beim visuellen Vergleich von *parthenope* und *julius* entstand der Eindruck, daß letzterer größere Augen haben könnte. Diese Impression wurde geprüft, indem das Maß der Kopflänge zu dem der Kopfbreite in Beziehung gesetzt wurde; denn die Kopfbreite wird im wesentlichen durch die Größe und Wölbung der Komplexaugen bestimmt (nach der Relation Stirnbreite/Kopfbreite ergaben sich bei der erreichbaren Meßgenauigkeit keine Unterschiede zwischen den Formen). Mit einem mittleren Kopfindex von 74,1 (Kopflänge = 74,1 ± 0,38% der Kopfbreite) erwies sich *julius* (N = 20) tatsächlich als etwas großäugiger; für *parthenope* ergab sich ein Index von 75,2 ± 0,29. Doch blieb die Mittelwertdifferenz mit einem t-Wert von 2,3 unterhalb der zu fordernden Sicherheitsgrenze. Überraschend aber ist ein Nebenprodukt dieser Erhebung: die Männchen sind großäugiger als die Weibchen! *A. parthenope*: $\bar{x}$ ♂ = 74,3 ± 0,30, $\bar{x}$ ♀ = 76,2 ± 0,44; $t_{\bar{x}}$ = 3,6 (32 ♂♂, 27 ♀♀). *A. julius*: $\bar{x}$ ♂ = 73,5 ± 0,43, $\bar{x}$ ♀ = 74,7 ± 0.58; $t_{\bar{x}}$ = 1,7 (12 ♂♂, 8 ♀♀). Wegen der zu geringen Individuenzahlen und der erheblichen, vor allem durch unvermeidbare Meßfehler verursachten Streuung der Werte sind signifikante Mittelwertunterschiede zwischen den gleichgeschlechtigen Individuen beider Arten nicht zu erwarten. Das Gesamtbild jedoch ist eindeutig und im Falle von *parthenope* auch statistisch abgesichert. Offensichtlich steckt hinter diesem Männchen/Weibchen-Unterschied ein biologischer Sinn: zum Auffinden der Weibchen scheinen größere Augen für die patrouillierenden Männchen von Vorteil zu sein.

Zusammenfassend läßt sich zunächst mit hinreichender Sicherheit die Feststellung treffen, daß es sich bei *Anax parthenope* und *A. julius* tatsächlich um zwei distinkte und deutlich voneinander verschiedene Arten handelt. Die hochgradigen Ähnlichkeiten im Bau der Appendices der Männchen, insbesondere aber die bei den Weibchen zu deren Verankerung am Occiput-Hinterrand ausgebildeten Strukturen von eindeutig synapomorphem Charakter lassen beide Arten als nächstverwandte Formen erscheinen. Ob dieses Schwesterartenpaar noch in das Superspecies-Konzept (MAYR 1975) hineinpaßt, kann erst nach genauerer Untersuchung weiterer *Anax*-Species erörtert werden.

Zum anderen lassen die chorologischen Gegebenheiten vermuten, daß die Arealtrennung beider Formen nicht in den südostasiatischen Tropen, sondern nördlich des Himalaya-Gebirges und des Hochlandes von Tibet erfolgte. Ich wage die Behauptung, daß die alpine Orogenese und die mit ihr ursächlich in Verbindung stehende Aridisierung und Kontinentalisierung des Klimas in Zentralasien im Verlaufe des Tertiärs (MURZAJEV 1966) zur Zweiteilung der Ausgangsart von *parthenope* und *julius* führte.

Wegen der Bewahrung der vornehmlich grünen Körperfärbung und relativ geringer Geschlechtsdifferenzen in einigen morphometrischen Merkmalen (Körpergröße, pt-Länge, Rz-Zahlen) sowie auch der relativ größeren pt-Länge erscheint *A. julius* ursprünglicher als *parthenope*. Manche Systematiker (vergl. AX 1984 und WILEY 1981) würden in ihr deshalb die „fortlebende Stammart" sehen wollen, von der sich *A. parthenope* im Verlaufe des Känozoikums „abgespalten" und hernach in einigen Merkmalen apomorph verändert habe. Das hier vorgelegte Material hat jedoch, obwohl es sich auf die Analyse nur einiger weniger Eigenschaften beschränkte, auch ergeben, daß *julius* nicht die „morphologisch unverändert fortlebende Stammform“ sein kann. Die trotz einer ansonsten engen positiven Korrelation zwischen der Anzahl der Queradern (Anq und Pnq) und der Flügellänge bei *A. julius* eingetretene Verringerung der Pnq-Zahlen sowie die relative Vergrößerung seiner Komplexaugen sind Besonderheiten, die sich im Vergleich mit *A. parthenope* nur als autapomorphe Trends interpretieren lassen. Die „unverändert fortlebende Stammart“ ist – in praxi wohl kaum einmal nachweisbar – der Grenzfall aller im Verlaufe und im Gefolge einer Deviation möglichen holomorphen Wandlungen der beteiligten Arten. Dieser hypothetisch mögliche Grenzfall kann für *A. julius* nicht in Anspruch genommen werden: sie ist der Stammart lediglich ähnlicher geblieben als *parthenope*, da sie im Vergleich zu ihrer Schwesterart in stärkerem Maße plesiomorphe Züge aufweist.

Literatur

AX, P. (1984): Das phylogenetische System. – Stuttgart und New York.

BELYSHEV, B. F. (1973): The Dragonflies of Sibiria (Odonata). – Vol. 1, part 1 & 2. Novosibirsk (russ.).

BUCHHOLZ, K. F. (1955): Morphologische Differenzierung bei der Rassenbildung von *Anax parthenope* SELYS (Odonata, Aeschnidae). – Bonn. zool. Beitr. **6** (1/2): 118–131.

KIRBY, W. F. (1890): A systematic Catalogue of Neuroptera Odonata or Dragonflies with an appendix of fossil species. – London.

MARTIN, R. (1908): Aeschnines. Collections Zoologiques du Baron Edm. de SELYS Longchamps. Catalogue systematique et descriptip. Fasc. XVIII. – Bruxelles.

MAYR, E. (1975): Grundlagen der zoologischen Systematik. – Hamburg und Berlin.

MURZAJEV, E. M. (1966): Priroda Sin'czjana i formirovanie pustyn' Central'noj Azii. – Moskau (russ.).

NEEDHAM, J. G. (1930): A Manual of the Dragonflies of China. — Zool. Sinica Ser. A. Vol. **11**, Fasc. **1**: 1—344.

PETERS, G. (1972): Chorologische und phylogenetische Aspekte in der Variabilität des Flügelgeäders einiger Arten der *Sympetrum*-Gruppe (Insecta: Odonata). — Dtsch. Ent. Z., N. F., **19** (4/5): 263—286.

– (1985): Die Libellenfauna der westlichen und nördlichen Mongolei und einige Phänomene ihrer intrakontinentalen Isolation. – Mitt. zool. Mus. Berl. **61** (1): 11–42.

PFAU, H. K. (1970): Die Vesica Spermalis von *Aeschna cyanea* MÜLL. und *Cordulegaster annulatus* LATR., ihre Anatomie, Funktion und phylogenetische Bedeutung. – TOMBO **8** (1–4): 5–11.

SJÖSTEDT, Y. (1934): 3. Odonata. In „Schwedisch-chinesische wissenschaftliche Expedition nach den nordwestlichen Provinzen Chinas, unter Leitung von Dr. SVEN HEDIN und Prof. SÜ PING-CHANG. Insekten gesammelt vom schwedischen Arzt der Expedition Dr. DAVID HUMMEL 1927–1930.“ – Arkiv för Zoologi **25** A (No. 5): 1–22, Taf. 1–3.

WILEY, E. O. (1981): Phylogenetics. The Theory and Practice of Phylogenetic Systematics. – New York, Chichester, Brisbane, Toronto.

Anschrift des Verfassers:
Prof. Dr. sc. GÜNTHER PETERS,
Museum für Naturkunde der HUMBOLDT-Universität zu Berlin,
DDR-1040 Berlin,
Invalidenstr. 43

Buchbesprechungen

H. E. HUMMEL, T. A. MILLER (Edit.): **Techniques in Pheromone Research.** – SPRINGER-Verlag New York Berlin Heidelberg Tokyo 1984. 464 S., 125 Fig., 16 × 24 cm, Kst., DM 178.—. ISBN 3-540-90919-2

Seit den klassischen Arbeiten an *Bombyx mori* von BUTENANDT und Mitarbeitern, die 1959 zur Entdeckung, Isolierung und chemischen Identifizierung des ersten Pheromons – Bombykol – führten, sind über 800 derartige Substanzen beschrieben und identifiziert bzw. synthetisiert worden. Eine ausgeklügelte Mikrotechnik und zahlreiche Anwendungsaspekte z. B. auf dem Gebiete der Biokommunikation, Verhaltensphysiologie, chemischen Ökologie, Insektenbekämpfung haben enorme Fortschritte der Pheromonforschung bewirkt.

14 Autoren, darunter so namhafte Forscher wie BUTENANDT und MORI, die die Entwicklung dieser Forschungsrichtung mitgeprägt haben, geben einen Überblick des derzeitigen technischen und methodischen Untersuchungsverfahren der Pheromonforschung. Nach einer historischen Reflexion der Bombykolforschung von HECKER und BUTENANDT stellen BAKER und CARDÉ Techniken für Verhaltensuntersuchungen mit Pheromonen vor, dabei wird den Untersuchungen im Windkanal ein eigenes Kapitel gewidmet (BAKER und LINN). Freilandfallen, die mit Attractans arbeiten, werden von CARDÉ und ELKINTON vorgestellt. Die Verwendung der Fühler zur Darstellung von Elektroantennogrammen beschreibt ROELOFS, ihre Kombination mit der Gaschromatographie STRUBLE und ARN. Dabei sind auch Einzelzellableitungen möglich (WADHAMS). Die Tandemtechnik (Gaschromatographie – Verhaltensprüfung) wird von HUMMEL dargestellt. Die weiteren Kapitel betreffen Aufbereitungstechniken (GASTON, GOLUB, WEATHERTON) sowie chemische Verfahren der Analyse (HEATH und TUMLINSON), Strukturbestimmung (MORI) und der Synthese von Pheromonen (SONNET). Abschließend informiert CAMPION über die Anwendung von Pheromonen zur Überwachung von Schadinsekten. Die Zeichnungen und Graphiken sind klar und einprägsam, die zahlreichen Tabellen übersichtlich und informativ. Ein ausführlicher Index beschließt das Buch. Die Literaturangaben (bis 1982) sind den einzelnen Kapiteln zugeordnet.

Ein verdienstvolles Buch, unentbehrlich für alle, die auf diesem Arbeitsgebiet tätig sind oder werden wollen, nützlich und anregend aber auch für jene, die für spezielle ökologische oder verhaltensbiologische Untersuchungen eine diffizile Technik benötigen.

A. PALISSA

Landschaft + Stadt. Beiträge zur Landespflege und Landesentwicklung. Erscheint vierteljährlich; Bezugspreis des Jahrgangs 1985 DM 91.40. Verlag EUGEN ULMER, Postfach 10 05 61, 7000 Stuttgart 70 (Hohenheim)

Heft 1/1985 der Zeitschrift Landschaft + Stadt, die wissenschaftliche und planerische Arbeiten aus allen Teilen der Landespflege (Naturschutz, Landespflege, Grünplanung) sowie aus den für die Landespflege wichtigen Nachbar- und Grundlagendisziplinen (Raumordnung, Ökologie, Soziologie) veröffentlicht, bringt einleitend einen Beitrag von H. LANGER, Chr. VON HAAREN und A. HOPPENSTEDT „Ökologische Landschaftsfunktionen als Planungsgrundlage“, der eine praxisnahe Grundlage für ökologisch zweckmäßige Landschaftsentwicklungen bildet und als Bezugsbasis auch Möglichkeiten einer ökologischen Erfolgskontrolle im Rahmen der Fortschreibung der Flächennutzungsplanung aufzeigt. Das vielseitig interessierende Thema „Probleme des Biotopschutzes für Insekten“ (Bedeutung von Insekten im Ökosystem/Ursachen des Artenrückgangs/Insektensammlung und Bundesartenschutz-Verordnung/Rote Listen/Räuber sind stärker bedroht als ihre Beute/Insekten als Bioindikatoren) behandelt sodann T. TSCHARNTKE. Über „Klimatische Auswirkungen eines Stausees in stark gegliedertem Gelände“ berichtet mit aufschlußreichen Karten, Diagrammen und Tabellen W. BECKRÖGE; die Messungen wurden im Rahmen der Stadtklimauntersuchung Essen durchgeführt. Gut mit Anschauungsmaterial ausgestattet ist auch der Beitrag „Ansprüche des Menschen an seine Klima-Umwelt“ von F. WILMERS; er zeigt u. a., daß Grünflächen für das Stadtklima besonders wichtig sind.

Verlag

Dtsch. ent. Z., N. F. 33 (1986) 1—2, 21—25

Dentridactylus raggei sp. n., eine neue Tridactylidenart aus Südafrika
(Orthoptera, Tridartylidae)

Von

Kurt K. Günther

Mit 6 Abbildungen im Text

Abstract

Dentridactylus raggei **sp. n.** from South Africa is described, illustrations are given. *Dentridactylus denticulatus* (Saussure) seems to be the next related species to it.

Bei der Durchsicht der Tridactylidae-Sammlungen des Britischen Museums für Naturgeschichte in London*) entdeckte ich 3 Weibchen der in den Museumssammlungen selten vertretenen Gattung *Dentridactylus* Günther, 1974. Von dieser Gattung sind bisher nur eine Art aus Südamerika und 2 Arten aus Australien bekannt. Die vorliegenden Tiere stammen aus Südafrika und gehören zu einer neuen Art, die ich *Dentridactylus raggei* sp. n. nenne. Ihre nächste Verwandte ist zweifellos die südamerikanische Art *Dentridactylus denticulatus* (Saussure, 1874). Das männliche Geschlecht ist leider bisher unbekannt.

Holotypus: 1♀ (British Museum of Natural History London).

Locus typicus: Süd-Afrika, Durban, Port Natal; coll. Gueinzius.

Paratypen: 2♀♀ vom locus typicus (British Museum Nat. Hist. London und Museum für Naturkunde, Bereich Zoologisches Museum, Berlin).

Diagnose

Eine gedrungene, braune, unauffällig etwas heller gelblich gemusterte *Dentridactylus*-Art. Antennen 10gliedrig (Abb. 1). Sternit der Vorderbrust ohne zapfenförmigen Fortsatz. Vorderflügel verkürzt und schmal (Abb. 2). Hinterflügel fehlen. Tibia der Mittelbeine an der Dorsalkante mit 2 auffallend viel stärkeren Borsten (Abb. 4). Tibia der Hinterbeine an den Dorsalkanten stark bezahnt aber ohne Tibialblättchen. Tibialsporne der Hinterbeine lang; Tarsus groß, distad zugespitzt, am Ende krallenartig gestaltet und außen mit einem kräftigen Subapicalzahn versehen (Abb. 5). Subgenitalplatte des Weibchens distad verschmälert und am verrundeten Ende (Abb. 6) stärker sklerotisiert.

Die neue Art unterscheidet sich im weiblichen Geschlecht von den australischen Arten durch die Form der Vorderflügel (Abb. 2) und der Subgenitalplatte (Abb. 6) sowie durch die Beborstung der Mitteltibia (Abb. 4), von *Dentridactylus albisignatus* Günther außerdem durch die Zahl der Antennenglieder und die Körperzeichnung. Gegenüber *D. denti-*

---

*) Herrn Dr. D. R. Ragge möchte ich an dieser Stelle nochmals herzlich für die Unterstützung und Hilfe bei meinen Untersuchungen im Britischen Museum danken.

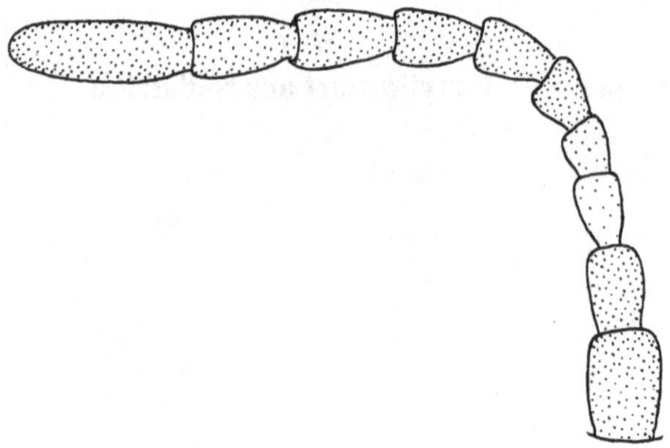

Abb. 1
Dentridactylus raggei sp. n., ♀-Paratypus. Linke Antenne.

culatus (SAUSSURE) ist sie vor allem durch die Beborstung der Mittelbein-Tibia (Abb. 4), die Körperzeichnung und das Areal abgegrenzt.

Beschreibung

Färbung: Körper glänzend dunkelbraun gefärbt und vor allem an den Beinen, den Vorderflügeln und am Abdomen gelblich gezeichnet bzw. stellenweise aufgehellt.

Kopf und Pronotum schwarzbraun. Antennengeißel an der Basis hell- bis mittelbraun, zur Spitze fortschreitend dunkeler. Maxillar- und Labialpalpen ebenfalls braun, Endglied

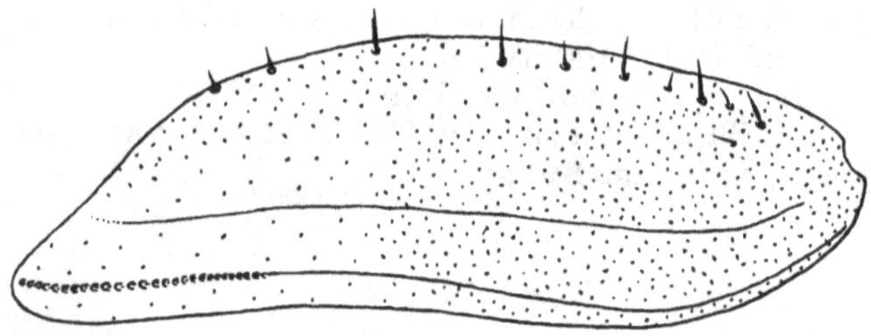

Abb. 2
Dentridactylus raggei sp. n., ♀-Holotypus. Rechter Vorderflügel.

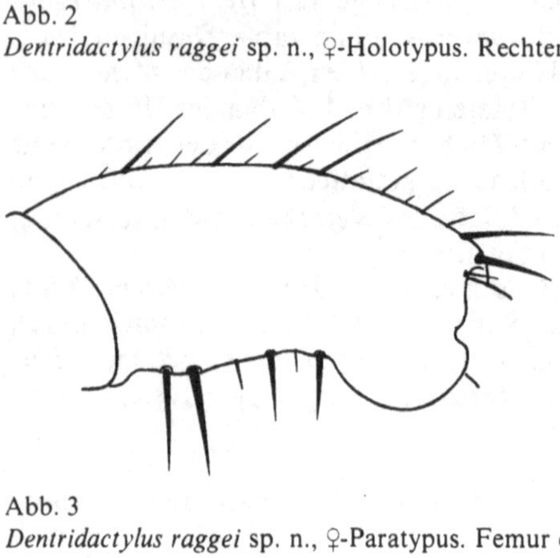

Abb. 3
Dentridactylus raggei sp. n., ♀-Paratypus. Femur des linken Vorderbeins, Medialseite.

schwarzbraun. Vorderbeine und Mittelbeine braun. Femur der Mittelbeine mit einer unvollständigen gelblichen Querbinde in der Mitte, Tibia außen an der Basis mit 2 kleinen weißlichen Flecken und distal einer schwachen Aufhellung. Schenkel der Hinterbeine dunkelbraun, außen charakteristisch gelblich gezeichnet (Abb. 5); äußerer Kniegelenklappen braun; Tibia heller braun, basal und distal, einschließlich der Terminalsporne und des Tarsus, jedoch dunkeler getönt. Vorderflügel in der Basalhälfte mehr oder weniger dunkelbraun, distal der Mitte gelblich aufgehellt (Abb. 2). Hinterleib braun; basale und mittlere Sternite in der Basalhälfte aufgehellt.

Terminalia: Mediale Teile des Abdominatergits 10 dunkelbräunlich; lateral angrenzende Teile gelblich aufgehellt und mit einem runden dunkelbraunen Fleck versehen. Epiproct seitlich und distal schwarzbräunlich, in der Mitte hellbräunlich. Subgenitalplatte braun, am Ende dunkeler. Cercus hellbraun; Grundglied basal schwarzbräunlich. Paraproctfortsätze schwarzbraun.

Maße in Millimetern (in Klammern der Paratypen): Körperlänge: 6,22 (6,35; 7,4); Kopfbreite: 1,63 (1,7); Kopflänge: 2,07 (2,1); Interokulardistanz: 0,96 (1,04; 0,96); Antennenlänge: 1,48 (1,4; 1,5); Pronotum-Länge: 1,7 (1,63; 1,68); Pronotum-Breite: 2,29 (2,35; 2,29); Vorderflügellänge: 1,63 (1,7; 1,63); Länge der Mittelbeinschiene: 1,77 (1,7; 1,8); Breite der Mittelbeinschiene: 0,55 (0,55); Hinterschenkellänge: 3,7 (3,85; 4,07); Hinterschenkelbreite: 1,85 (1,92); Hinterschienenlänge: 3,03 (3,25; 3,33); Hinterfußlänge: 1,33 (1,3; 1,33); Länge der apikalen Metatibialsporne: 0,74 (0,74; 0,79); Länge der subapikalen Metatibialsporne: 0,37 (0,37; 0,4).

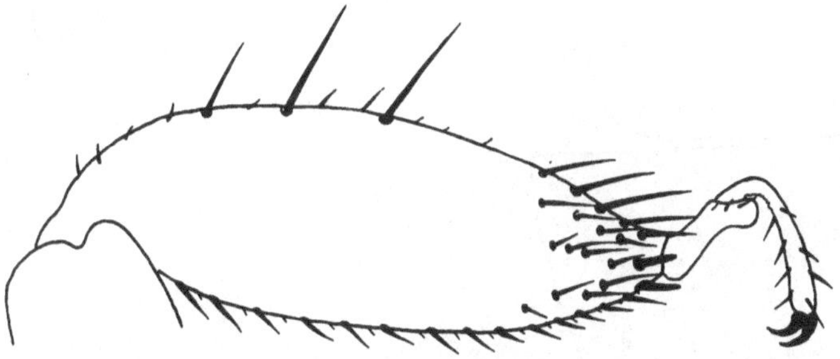

Abb. 4
Dentridactylus raggei sp. n., ♀-Holotypus. Tibia mit Tarsus des linken Mittelbeins, Außenseite.

Morphologie: Mittelgroße Tridactyliden mit gedrungenem Körper. Kopf im Umriß oval, etwas länger als breit. Augen rundlich, relativ klein. Ocellen rudimentär; nur der Stirnocellus (mittlerer Ocellus) ist noch als winziger heller Punkt erkennbar. Antennen fadenförmig, 10gliedrig. 4. Antennenglied am kleinsten, nur etwa halb so lang wie breit; alle anderen Glieder sind deutlich länger als breit, das Endglied ist auffallend länger als die vorherigen Glieder (Abb. 1). Letztes Glied des Maxillarpalpus oval, viel länger und breiter als das vorletzte Glied.

Pronotum schwach gewölbt, deutlich breiter als lang; Vorderrand gerade, Hinterrand gleichmäßig konvex gekrümmt, Seitenränder etwas konkav eingebuchtet. Sternit des Prothorax ohne Fortsatz. Vorderbeine als kräftige Grabbeine ausgebildet; Femur (Abb. 3) auf der inneren Ventralkante mit 4 kräftigen Borsten, von denen die beiden stärksten basal stehen; abgeplattete Haare fehlen; die äußere Ventralkante trägt verschiedenartige Borsten. Tibia der Vorderbeine als Grabschaufel verbreitert, die außen dicht mit dornartigen Borsten besetzt ist und distal mit 4 starken endet; Tarsus 2 gliedrig, am Ende mit 2 einfachen Krallen. Mittelbeine seitlich abgeplattet; Tibia spindelförmig, aber stark abgeflacht, an ihrer Dorsalkante stehen zwischen den Randborsten 2 auffällig starke Borsten

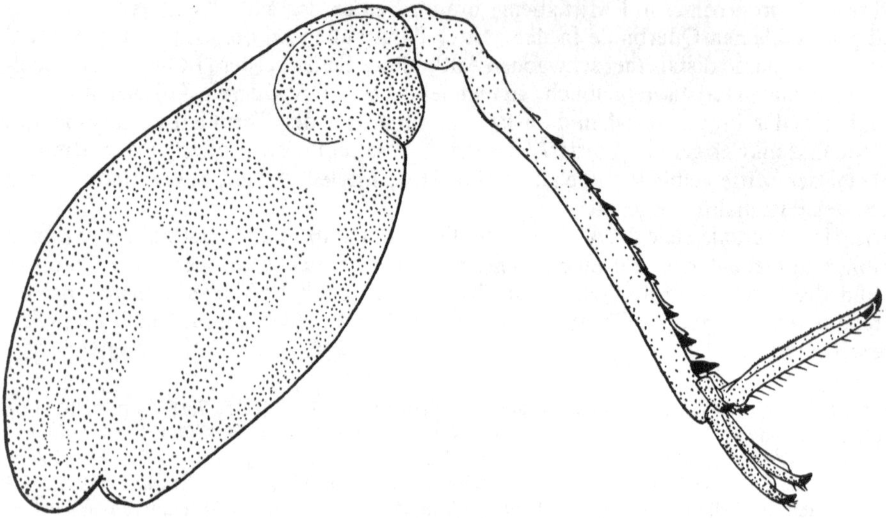

Abb. 5
Dentridactylus raggei sp. n., ♀-Paratypus. Linkes Hinterbein, Außenseite.

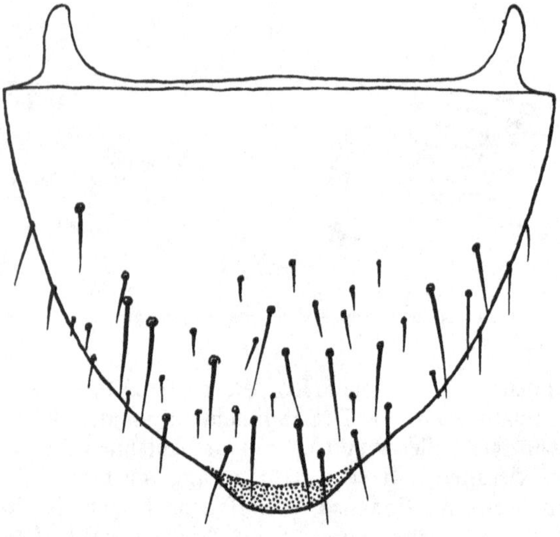

Abb. 6
Dentridactylus raggei sp. n., ♀-Paratypus. Subgenitalplatte, Ventralseite.

Tarsus 2gliedrig und mit 2 einfachen Krallen am Ende. Hinterbeine mit gedrungenem, breitem Femur; Tibia an den Dorsalkanten kräftig spitz bezahnt (außen 8, innen 9 Zähne); am Ende stehen ein Paar lange Apicalsporne und ein Paar kaum halb so lange Subapicalsporne. Tarsus der Hinterbeine schlank, viel länger als die Apicalsporne, am Ende krallenartig zugespitzt und mit einem kräftigen äußeren Subapicalzahn versehen (Abb. 5). Vorderflügel klein und schmal; sie weisen 2 Längsadern auf. Die Subcosta trägt distal auf der Flügelinnenseite etwa 26 Querrippen, ist also als Schrillader entwickelt (Abb. 2). Hinterflügel fehlen völlig. Drüsenmündung am Laterosternit des 3. Hinterleibsegments gut ausgebildet.

Terminalia: Abdominaltergit lo median fein membranös längsgeteilt. Medialteile dieses Tergits längsrinnenförmig eingesunken, sie ragen caudad in die Basis des Epiprocts vor. Epiproct zungenförmig, an den Seiten stärker sklerotisiert als in der Mitte. Cerci zweigliedrig, familientypisch gestaltet. Cerus-Basalglied 0,66 mm, Cereus-Distalglied 0,43 mm lang. Paraproctfortsätze distad verjüngt, nicht abgeplattet, Länge 0,86 mm. Subgenitalplatte (St. 8) mit fast parabelförmigem Umriß und stärker sklerotisiertem Ende (Abb. 6). Abdominalsternit 9 caudal abgerundet, median fein membranös längsgeteilt. Bursa copulatrix membranös, einfach sackförmig. An ihrer Ventralseite, nahe der Öffnung nach außen, mündet trichterförmig der Ductus spermathecae, der nach innen in eine schlauchförmige Spermatheca übergeht, deren äußerer Teil deutlich dicker und deren innerer mehrfach gewunden ist. Zum Körperinneren hin wird sie immer dünner und endet blind.

Bemerkungen

Nach der Morphologie der Tiere geurteilt handelt es sich um eine Art, die fast ständig in ihren Gallerien und Gängen im Boden lebt und vermutlich nur nachts zeitweilig (wahrscheinlich zur Paarungszeit) an die Oberfläche kommt. Das Fehlen von Tibialblättchen an den Hinterbeinen sowie von abgeplattteten Borsten an den Vorderbeinschenkeln deutet darauf hin, daß sich diese Art wahrscheinlich nicht oder nur selten auf dem Wasser aufhält. Vermutlich handelt es sich um einen grabenden Bewohner feuchten Erdreiches.

Durch das Auffinden dieser Art in Afrika erweitert sich das Verbreitungsgebiet der Gattung *Dentridactylus* GÜNTHER, die bisher nur aus Südamerika und Australien bekannt war, beachtlich. Die bisherigen Funde sprechen für eine gondwanische Verbreitung.

Literatur

GÜNTHER, K. K. (1974): Über die Tridactyloidea in den Sammlungen des Museums für Naturgeschichte der Stadt Genf. – Rev. Suisse Zool. **81**: 1027–1074.

– (1978): Die Tridactyliden Australiens. – Mitt. Zool. Mus. Berlin **54**: 223–255.

– (1979): Einige Bemerkungen über die Gattungen der Familie Tridactylidae BRUNNER und zur Klassifikation der Tridactylodea. – Dtsch. Ent. Z., N. F. **26**: 255–264.

– (1980): Katalog der Caelifera-Unterordnung Tridactylodea. – Dtsch. Ent. Z., N. F. **27**: 149–178.

SAUSSURE, H. DE (1874): Études sur les Insectes Orthoptères, Famille des Gryllides. – Miss. Scient. Mex., Rech. Zool., Paris, p. 296–515, pl. 7–8.

– (1877): Mélanges orthoptérologiques. V. Gryllides. – Mém. Soc. Phys. Hist. nat. Genève **25**: 1–352.

Anschrift des Verfassers:

Dr. KURT K. GÜNTHER
Museum für Naturkunde
Zoologisches Museum
DDR-1040 Berlin
Invalidenstr. 43

Buchbesprechung

HEISENBERG, MARTIN u. WOLF, REINHARD: **Vision in Drosophila.** Genetics of Microbehavior (Studies of Brain Function Vol. 12) SPRINGER Verlag. Berlin Heidelberg New York Tokyo. 1985. 250 S., 112 Abb. Hard Cover DM 149—. ISBN 3-540-13685-1.

Dieses Buch ist eine Zusammenstellung von veröffentlichten und unveröffentlichten Arbeiten der Verfasser sowie verschiedener anderer Wissenschaftler über Untersuchungen des visuellen Systems von Insekten, insbesondere von *Drosophila*. Die Verfasser versuchen einen Einblick in das sogenannte „innere Leben" der Tiere zu geben, um die Gehirnfunktion von einem neuen Standpunkt zu interpretieren.

In der Einleitung und im letzten Abschnitt, der Synopsis, werden einige theoretische Fragen über die „initiatorische Aktivität" (initiation activity) als grundsätzliche Eigenschaft des Gehirns behandelt, die dem spontanen und willkürlichen Verhalten zugrunde liegen soll. Die Verfasser meinen, sie sei seit den frühen Evolutionsstadien der Tiere vorhanden und beinhalte auch Prozesse der Darwinschen Evolution wie Variation und Selektion. Das Buch befaßt sich hauptsächlich mit dem Problem der visuellen Orientierung, innerhalb der drei Stufen erkennbar sind:

a) Die Stabilisierung des Retinabildes gegen innere und äußere Störungen,
b) Die Orientierung auf einen Blick- oder Beziehungspunkt,
c) Das Ziel, das durch diese Orientierung angestrebt wird (adaptation).

Die Anwendung der Neurogenetik, d. h., die Möglichkeit, Methoden der Genetik in Verhaltensuntersuchungen einzubeziehen, ist einer der wichtigen Beiträge des Buches. *Drosophila* ist für diesen Zweck besonders gut geeignet. Bei ihr wurde versucht, eine Assoziation zwischen funktioneller Organisation und genetisch programmierter Entwicklung des Nervensystems darzustellen. Seitdem BENZER, im Jahre 1967, die genetische Sektion des visuellen Systems von *Drosophila* erstmals durchführte wurden zahlreiche Mutanten beschrieben, durch die Hirnstruktur und -funktion genetisch identifiziert werden können.

Teil A (Kapitel 1–4) befaßt sich mit den strukturellen Grundlagen des visuellen Systems, des Komplexauges, der neuronalen Architektur des visuellen Systems sowie mit der Beschreibung der visuellen Orientierung unter streng kontrollierten experimentellen Bedingungen und schließlich mit der Korrelation zwischen funktioneller Struktur und visuellen (speziell dem optomotorischen) Verhalten.

Teil B (Kapitel 5–13) ist der Diskussion der Verhaltensstruktur des visuellen Systems gewidmet. Dargestellt werden die Mechanismen der Blickstabilisierung bei der Orientierung und der Zielfindung unter experimentellen Bedingungen (Reiz und Reaktion). Er wurden normale Taufliegen sowohl als neurologische Mutanten von *Drosophila* und andere Dipteren untersucht. Die Verfasser sind der Meinung, daß nicht nur bei Vertebraten das Verhalten durch Erfahrung und Lernen modifiziert werden kann, sondern daß dieses auch bei visuell orientierten Verhalten von Insekten möglich ist. Sie unterstreichen, daß über die visuelle Orientierung der freilebenden Insekten unter natürlichen Bedingungen noch wenig bekannt ist. Viele offenen Fragen werden diskutiert und Möglichkeiten für weitere Annäherungen an die Lösung mancher Probleme aufgezeigt.

Das Buch schließt mit einigen fragwürdigen Spekulationen über „Wertungssysteme" der Tiere, jedoch mit interessanten Überlegungen, daß die visuelle Wahrnehmung von Fliege und Mensch in grundlegenden Eigenschaften übereinstimmt. Basierend auf genetischen und anderen Methoden enthält das Buch einen wichtigen Beitrag zum Verständnis des Nervensystems in Zusammenhang mit dem visuellen System auf unterschiedlichen phylogenetischen Niveaus.

Ein Anhang mit Beschreibungen der im Text erwähnten neurologischen Mutanten sowie eine Liste der Symbole und Abkürzungen sind nützlich für ein besseres Verständnis des Buches.

SUSI KOREF-SANTIBÁÑEZ

Dtsch. ent. Z., N. F. 33 (1986) 1—2, 27—43

Die Bedeutung der Pars stridens in einer Rekonstruktion der Verwandtschaftsverhältnisse der Lepturinae

(Col., Cerambycidae)

Von

Olaf Breidbach

Mit 15 Abbildungen und 3 Tabellen im Text

Abstract

The relative dimensions of the pars stridens, given as the relative dimension of a single file of the pars stridens, the relative length and the relative width of the mesoscutum, enable a quantified description of the Lepturinians stridulatory organ. The parameters given so far are species specific. A species is defined by these as an element of a n-dimensional space. Therefore, the relative position of two species is to be analysied considering the absolute distances of two species and the impact of the single parameters of these. The relative distances given so far are seen as the base to analyse the radiation of the pars stridens. Ethological and functional studies of the stridulation show that it is suitable for a systematic analysis. The developement of the stridulatory organ is seen as an outline of the Lepturinian evolution. A reconstruction of the evolution of some Lepturinians is discussed.

1. Einleitung

Voraussetzung einer aussagekräftigen, vergleichend physiologisch/anatomischen Untersuchung ist eine detaillierte, phylogenetisch fundierte Systematik der betrachtenden Organismengruppe. Gerade im Problemzusammenhang der Radiation der Insekten und den damit verbundenen praktischen Fragen — der Spezifikation der Sensorik, eventueller Resistenzen einzelner Teilgruppen — wäre eine entsprechende Betrachtung, die die Entfaltung einer Gruppe nachzuzeichnen erlaubt, von großer Bedeutung.

Die hier im weiteren vorgelegten Ausführungen zur Differenzierung eines Merkmalkomplexes der Lepturinae und dessen phylogenetischer Bedeutung verstehen sich aus dieser Perspektive. Die Lepturinae bilden die basale Unterfamilie der Cerambycidae (Crowson 1967). Die Cerambycidae selbst stehen der Ausgangsform der ökonomisch bedeutenden Phytophaga (Chrysomeliodea) nahe (Mann, Crowson 1982, Schmitt, Mischke, Wachmann 1981, Wachmann 1979).

Ausgehend von der Flügeländerung gewann Sallas eine erste Feinsystematik der Cerambycidae (1936). Diese ist allerdings schon in ihrer Grundstruktur problematisch (Crowson 1967). Bei den Lepturinae gewann auch die Struktur der lauterzeugenden Organe für eine vergleichende Betrachtung an Interesse (Kaszab 1936). Eine spezifiziertere ethologisch/funktionsmorphologische Untersuchung des Stridulationsorgans der Cerambycidae (Breidbach 1984a) wies nach, daß sich dies — im Gegensatz zu den ersten Ergebnissen Michelsens (1966) — für eine entsprechende Analyse eignet. Die Dimensionierung der Pars stridens und die Zeitstruktur des Stridulationslautes sind nicht direkt miteinander korreliert. In mehrere Funktionskreise eingebunden entzieht sich das Stridulationsverhalten einem eindeutig gerichteten Selektionsdruck. Zudem ist die Stridulation im Gesamtverhalten von nur nachrangiger Bedeutung (Breidbach 1984a). Die vergleichend morphologische Analyse zeigt zudem die relative Homogenität im Bau der lauterzeugenden Organe, die kaum auf Grund ökologisch, ethologisch bedingter Einmischung radiieren. Zudem erlaubt die, der weiteren Analyse zugrunde gelegte Struktur eine eindeutige Quantifizierung von Größenbeziehungen und ermöglicht so eine differenzierte Analyse.

2. Material und Methoden

Exemplare folgender Arten wurden untersucht:
Rhagium mordax Degeer, *R. inquisitor* L., *R. bifasciatum* F., *R. sycophanta* (Schrank), *Rhamnusium bicolor* (Schrank) *Leptura fulva* Degeer, *L. livida* F., *L. rubra* L., *L. erythroptera* Hagenbach, *L.* dubia Scopoli, *L. sanguniolenta* L., *Strangalia nigra* (L.), *S. maculata* (Poda), *S. melanura* (L.), *S. quadrifasciata* (L.), *S. thoracia* (Creutzer), *Desmocerus palliatus* Forst., *Neovadonia steveni* Sperk., *Judolia cerambyciformes* (Schrank), *Alosterna tabacicolor* (Degeer), *Gaurotes virginea* (L.), *Anoplodera sexguttata* F., *Stenocorus meridianus* (L.).

Die Individuen entstammen Populationen des Bergischen Landes, der Eifel, der Vogesen, des Odenwaldes und Osttirols. Zudem wurden mir einzelne Exemplare vom Forschungsinstitut Senckenberg zur Verfügung gestellt.

Zur Analyse des Feinbaus des Stridulationsorganes wurden die Mesoscuta der Käfer isoliert, getrocknet, mit Gold besputtert und im Rasterelektronenmikroskop (Leitz AMR 1000) vermessen. Dies Organ entspricht einem quer über das Mesoscutum ziehenden Rippenfeld, der Pars stridens. In dessen Absolutmaßen variieren die Käfer stark; aussagekräftig ist nur das Relativmaß der Dimensionierung der Pars stridens. Zu einer quantifizierten Darstellung der Pars stridnes wurden drei Parameter vermessen: die relative Breite einer Einzelrippe der Pars stridens x, die relative Länge y des Mesoscutums und die relative Breite z des Mesoscuttums. X ist hierbei definiert als der Quotient aus der Breite der Einzelrippe und der Länge des Mesoscutums, $x = \frac{r\,\mu m}{l\,\mu m}$. Y entspricht dem Quotienten aus der Länge des Mesosutums und der Breite des Mesoscutums (gemessen im Ansatz des Mesoscutellums), $y = \frac{l\,\mu m}{b\,\mu m}$; z schließlich ist definiert als der Quotient aus der Längsausdehnung des Mesoscutums und der Diagonalabmessung dieses Skleriten, $z = \frac{l\,\mu m}{d\,\mu m}$.

Die Werte x^n, y^n, z^n sind für die Art n spezifisch. Über sie ist n als Element eines dreidimensionalen Raumes mit den Dimensionen x, y und z definiert. Entsprechend ist es möglich ihren Abstand zu a^m – definiert als x^m, y^m, z^m – über eine einfache Vektorrechnung zu bestimmen. m, n entspricht ein Ursprungsvektor $\bar{m}$, $\bar{n}$. Der Abstand von m zu n errechnet sich dann aus $|\bar{m} - \bar{n}|$. Zudem ist auch die relative Distanz der Arten jeweils bezogen auf $x^{m,n}$, $y^{m,n}$ oder $z^{m,n}$ entsprechend über $|x^m - x^n|$ usw. zu bestimmen. Damit ist es möglich, die Bedeutung der einzelnen Faktoren x, y, z für die relative Distanzierung der Arten zu ermitteln. Insgesamt erlauben diese Daten, den Verwandtschaftsbezug der Arten nachzuzeichnen. Für eine definite, quantifizierende Analyse wurde ein Computerprogramm (Apple II) entwickelt.
Die Arbeit entstand am Institut für angewandte Zoologie, Bonn.

3. Ergebnisse

Die Stridulation der Lepturinae entspricht dem mesoscuto- pronotalen Typ. Stridulierend führen die Käfer ein am dorsalen Hinterrad des Prothorax gelegenes Plectrum über die mesoscutale Pars stridens. Diese entspricht einem Feld parallel zueinander ausgerichteter Rippen in einer Breite von etwa 2 – knapp 9 µm mit wellenförmigem Querschnitt (Breidbach 1984a). Die Pars stridens ist bei den untersuchten Lepturinae – mit Ausnahme von *Gaurotes virginea* – längs geteilt. Dieser Zustand ist – wie ein Vergleich mit den Prioninae zeigt – primitiv.

Die gewonnenen Parameter zur Kennzeichnung der relativen Dimensionierung der Pars stridens sind artspezifisch. Bei *Stranglia melanura* wurde für die relative Proportionierung der Länge und Diagonalausdehnung der Pars stridens eine mittlere Abweichung von 2% respektive von 6% ermittelt. Bei *Judolia cerambyciformes* weicht die relative Größe der Rippen der Pars stridens bei einem Mittelwert von 0,0058 um 4,8% ab (Abb. 1). Die gewonnenen Werte lassen allerdings keine die Unterfamilie insgesamt kennzeichnende Beschreibung zu (Tab. 1). Auch ein fester, die Ausprägung der Pars stridens innerhalb der Lepturinae bestimmender Trend ist nicht zu erkennen. Innerhalb der Lepturinae sind x/y mit einem Koeffizienten von 0,007, x/z mit 0,15 und y/z mit 0,22 korreliert.

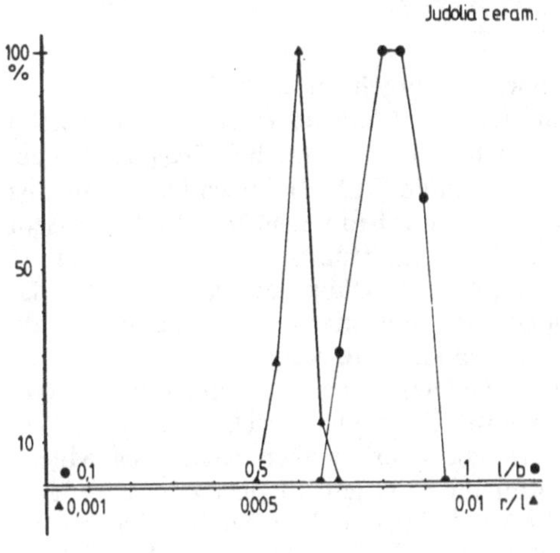

Abb. 1
Variabilität der relativen Dimension der Einzelrippe der Pars stridens x (r/l) und der relativen Länge des Mesoscutums y (l/b) bei *Judolia cerambyciformis*

Tab. 1
Liste der x,y,z-Parameter der untersuchten Lepturinae, die Werte sind nachkorrigiert (x × 10.000; y × 100; z × 100), im weiteren wird mit diesen ‚korrigierten' Werten gerechnet

Rhagium mordax	45	86	57
Rhagium inquisitor	55	102	55
Rhagium bifasciatum	53	90	57
Rhagium sycophanta	62	105	55
Rhamnusium bicolor	66	78	61
Leptura fulva	66	85	59
Leptura livida	55	80	60
Leptura rubra	65	81	57
Leptura erythroptera	73	86	51
Leptura dubia	69	96	53
Leptura sanguinolenta	82	94	56
Strangalia nigra	65	66	52
Strangalia maculata	56	96	48
Strangalia melanura	47	95	58
Strangalia quadrifasciata	62	91	51
Strangalia thoracia	69	87	46
Strangalia attenuata	65	84	54
Desmocerus palliatus	46	68	51
Neovadontia steveni	67	111	60
Judolia cerambyciformis	58	95	62
Alosterna tabacicolor	80	97	58
Gaurotes virginea	80	92	55
Stenocorus meridianus	91	74	31

Tab. 2
Korrelationskoeffizienten der Einzelparameter innerhalb der Gattungen *Leptura*, *Strangalia* und *Rhagium*

KOR.	LEPTURA	STRANGALIA	RHAGIUM
Y/X	0,74	-0,57	0,90
Z/X	-0,57	-0,40	-0,80
Y/Z	-0,11	0,002	-0,98

X, y und z sind innerhalb der Lepturinae voneinander weitgehend unabhängig.

Weniger heterogen erscheint das Bild, wenn sich der Maßstab einer entsprechenden Analyse verengt. Auf Gattungsniveau zeichnen sich z. T. – etwa bei *Rhagium* – definitive, die Gattung kennzeichnende Entwicklungslinien ab (Tab. 2). Deren Darstellung ist in einer vergleichend/systematischen Analyse jedoch von nur bedingtem Nutzen. Interessant ist hier zunächst das insgesamt eher negative Ergebniss einer umfassenderen Korrelation der aufgewiesenen Parameter. Zeichnet sich somit doch schon hier ab, daß die der weiteren Analyse zugrunde liegende Pars stridens als Merkmalskomplex zu behandeln ist, dessen einzelne Komponenten unabhängig voneinander radiieren.

Nachdem die Artspezifität der untersuchten Parameter feststeht – auch ein Sexualdimorphismus ist auszuschließen (Breidbach 1984a) —, fragt es sich, inwieweit auch einzelne Gattungen über die gewonnenen Werte zu kennzeichnen sind. Der Mittelwert der verschiedenen einer Gattung zuzuordnenden Arten ist hierbei wenig aussageträchtig. Die Gattung ist über diesen nicht zu definieren. Die Analyse hat anders anzusetzen. Die Positionierung der Arten a, b läßt über $|\vec{a} - \vec{b}|$ eine Berechnung des relativen Abstandes von a und b zu. Eine Art m, definiert als die Art, die – summiert man ihre Abstände zu allen Arten ihrer Gattung — den geringsten Wert in ihrer Gattung erhält, gilt als die ‚neutrale' Art. Für m gilt:

$$\sum_{1}^{n} |\vec{m} - \vec{a_j}| < \sum_{1}^{n} |\vec{a_i} - \vec{a_j}| .$$

m ermittelt sich somit als die Art, deren Gesamtbestand, gefaßt als die Summe aller Einzelbestände zu allen anderen Arten der Gattung, am geringsten ist. Setze ich eine heterogene Merkmals-‚verteilung' voraus, so ist der Gestalttyp der der Bedingung von m genügt eben der, der am wenigsten aus dem Variationsrahmen der Gattung ausschert. Einen Mittelwert zu postulieren wäre hier wenig sinnvoll, da dieser keinen festen Bezugsrahmen darstellt; die Extreme des Variationsrahmens wären zudem zu stark gewichtet. Die über x, y und z mögliche eindeutige Bestimmung von m ermöglicht es jedoch, eine feste Bezugsbasis für eine weiterführende Analyse zu gewinnen. In dieser betrachte ich nur die relative Distanz rezenter Arten zu m; die Differenzierung dieser Betrachtung über x, y und z erlaubt es zudem, diese Analyse weiter zu differenzieren. Denn habe ich den Gesamtabstand von a_i, a_j gemessen, so erlaubt mir eine über $x^{i,j}$, $y^{i,j}$, $z^{i,j}$ spezifizierte Analyse auch, deren Position zu m und damit ihren Abstand zueinander näher zu fassen. Zeigt mir doch eine so spezifizierte Analyse, ob zwei jeweils entsprechend betrachtete Arten auch in ihren Einzelmerkmalen einem jeweils entsprechenden Trend folgen, also etwa |y| bei gleichzeitiger Förderung von |x| und |z| abbauen. Ist der Trend divergent, so liegen beide Arten weiter voneinander ententfernt; zeigen sich auch in dieser Feinanalyse Übereinstimmungen, so sind die Arten einander zuzuordnen. m entspricht dem Grundtyp der Gattung, wie sie sich durch die beschriebenen Arten kennzeichnet. Als solcher wird m nun als die der Stammform der Gattung relativ nächste Art eingestuft. Diese Postultat ist zunächst heuristischer Art, ermöglicht aber eine erste Rekonstruktion der Verwandtschaftsbezüge. Es rechtfertigt sich, da die – ebenfalls nur angenommene – Stammform als diejenige definiert ist, aus der sich die in der Gattung zu findende Artenvielfalt entwickelte. Sie ist also keinem einzelnen Trend, sondern der gesamten Vielfalt der Gattung ‚verpflichtet'. Insoweit ist sie von der Rezentzoologie allein über den Mittelwert aller ‚Abweichungen' näherungsweise zu erschließen. m gilt für eine weiterführende Analyse den festen Bezugsgrund.

Die verschiedenen Arten der Gattung werden auf m rückbezogen. Deren Variation von m gibt ein erstes Maß, den relativen Abstand der verschiedenen Arten vom Stammbereich der Gattung abzuschätzen. Ferner können in einer differenzierenden Analyse der Radiation von x, y und z die verschiedenen Trends in der Entwicklung der Gattung nachgezeichnet werden, wodurch es möglich ist, monophyletische Einheiten innerhalb der Gattung zu charakterisieren. Hierbei liefert die Pars stridens die Maßzahl zu einer entsprechend differenzierten Zuordnung. Somit ist der gemessene Abstand der Arten nur auf dieses Merkmal bezogen. Die Quantifizierung ist insofern nur Mittel für eine hochspezifizierte Beschreibung und sagt hinsichtlich einer etwaigen hieraus zu folgernden zeitlichen Schichtung direkt nichts aus. Sie ist keinesfalls als eine Skalierung eines historisch zu interpretierenden Bezuges zweier Arten zu verstehen. Vielmehr wird über die erstellte Relation nur eine Merkmalsverteilung aufgewiesen, die dann phylogenetisch zu interpretieren ist.

Einer entsprechenden Analyse wurden die Gattungen *Leptura*, *Rhagium* und *Strangalia* unterzogen.

Die Darstellung der relativen Abstandsverhältnisse der Arten von *Leptura* zeigt *L. fulva* als die neutrale Art (Abb. 2). Die Variabilität der Einzelkomponenten x, y, z angetragen auf diese Bezugsart zeigt *L. erythroptera* und *L. sanguniolenta* enger

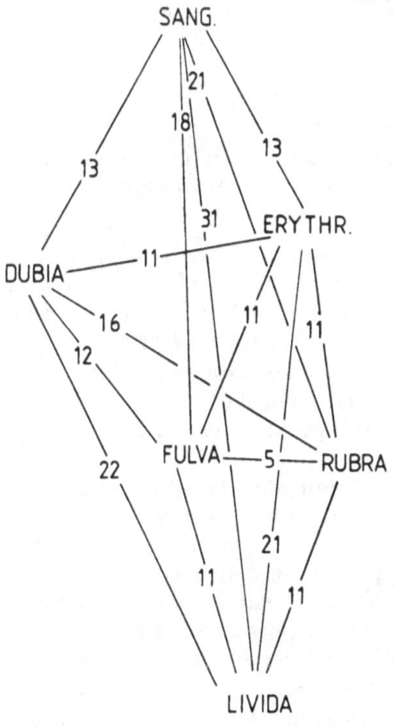

Abb. 2
Gesamtabstandsverhältnisse innerhalb der Gattung *Leptura*, der Werte sind über $|\bar{l}_i - \bar{l}|$ berechnet

verwandt. Diese sind gegenüber *L. fulva* insgesamt stärker abgesetzt. Sie sind damit als relativ ‚jünger' einzustufen (Abb. 3).

L. fulva näher verwandt ist *L. dubia*, wohingegen *L. livida* und *L. rubra* von dieser Art abgesetzt erscheinen. Hieraus ergibt sich: *L. fulva* und *L. rubra* sind näher aufeinander bezogen. Zusammen mit der etwas aberanten *L. livida* bilden sie die basale Gruppe der Gattung, von der *L. dubia* weiter entfernt ist. *L. erythroptera* und *L. sanguniolenta* verkörpern einen separaten Trend in der Entwicklung der Gattung. Basierend auf dem Merkmalskomplex ‚Pars stridens' läßt sich insoweit eine Zuordnung der Arten der Gattung *Leptura* konstruieren (Abb. 4).

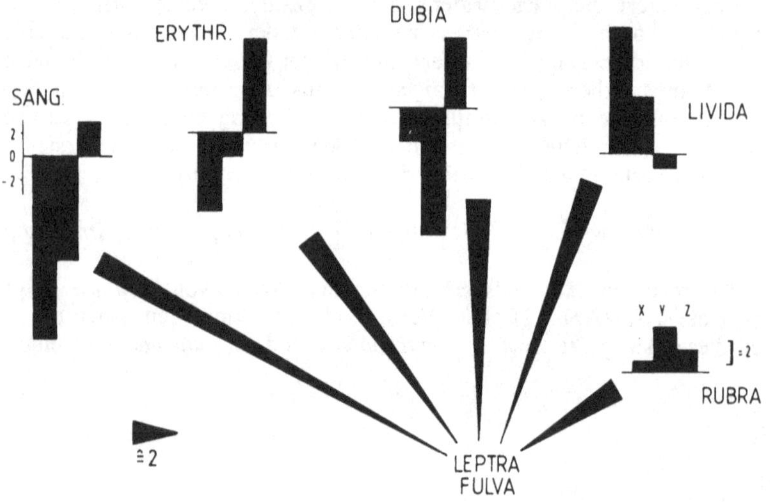

Abb. 3

Radiation von x, y, z innerhalb *Lepturas*, die Abstände der einzelnen Arten sind auf *L. fulva*, die neutrale Art, bezogen. Die Absolutabstände wie die relativen Abstände bezogen auf x, y, z sind angegeben

Die Analyse von *Strangalia* zeigt in *S. quadrifasciata* die basale Art (Abb. 5). Die differenzierte Darstellung der Radiation von x, y und z zeigt in *S. nigra* und *S. attenuata* einen eigenständigen, in sich stärker differenzierten Trend auf. *S. nigra* erscheint auf Grund seines absoluten Abstandes von *S. quatrifasciata* als relativ ‚junge' Art (Abb. 6). Demgegenüber ist *S. melanura* Repräsentant eines zweiten Trends, dem – mit Einschränkung – auch *S. maculata* zuzuordnen ist. *S. thoracia* schließlich scheint von *S. quadrifasciata* am wenigsten verschieden und ist auch von den genannten Entwicklungslinien unabhängig.

Demzufolge ergibt sich für die Systematik: *S. quadrifasciata* scheint – dies zeigt die Distanzierung der anderen Arten – dem Stammbereich *Lepturas* relativ nahe zu sein. *S. thoracia* ist mit dieser Art eng verwandt. *S. attenuata* und *S. nigra* sind demgegenüber deutlich abgesetzt. Unabhängig von dieser Entwicklungsrichtung finden sich *S. maculata* und *S. melanura*. *S. melanura* und *S. nigra* sind – auf Grund ihrer großen Variabilität gegenüber *S. quadrifasciata* als relativ ‚junge' Elemente der Gattung zu deuten.

Die Analyse von *Rhagium* zeigt in *R. bifasciatum* die neutrale Art auf (Abb. 8). Ihre leicht ‚excentrische' Stellung deutet hierbei darauf hin, daß sie – entgegen *S. quadrifasciata* – von dem Stammbereich ihrer Gattung entfernter zu placieren ist. Die Darstellung der Radiation von x, y und z läßt dies Bild noch klarer zeichnen (Abb. 9). *R. sycophanta* und *R. inquisitor* bilden eine eindeutig definierte Entwicklungslinie. Demgegenüber scheint

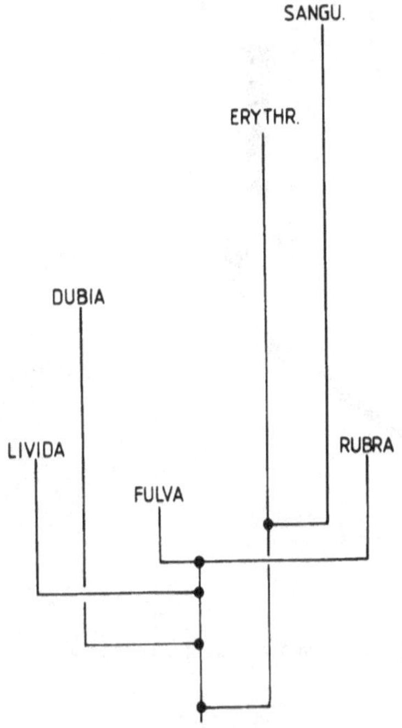

Abb. 4
Systematik der Gattung *Leptura*; das Schema sucht den real/,historischen' Bezug der Arten – zumindest in ihrer Tendenz – aufzuzeigen.

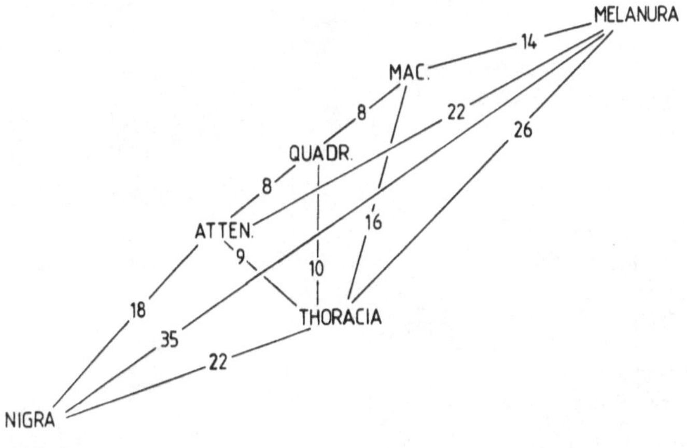

Abb. 5
Abstandsverhältnisse innerhalb *Strangalia*, die Werte sind über $|\vec{s}_i - \vec{s}_j|$ ermittelt

R. mordax in der Ausgestaltung seiner Pars stridens deutlich abgesetzt. Damit ergibt sich folgendes Bild: *R. inquisitor* und *R. sycophanta* bilden einen gegenüber *R. mordax* und *R. bifasciatum* abgesetzt erscheinenden Entwicklungsschub. *R. sycophanta* ist die ‚jüngste' Art der Gattung. *R. bifasciatum* liegt – gegenüber *R. mordax* differenziert – neben dem Stammbereich der Gattung.

Innerhalb der untersuchten Lepturinae erweist sich *Leptura* als die basale Gruppe. Eine differenziertere Darstellung der Radiation der x, y, z-Parameter bezogen auf *L. dubia*

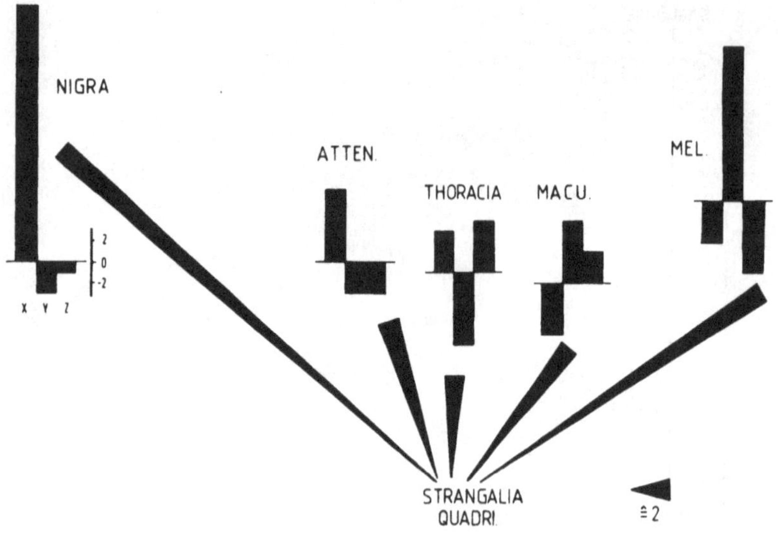

Abb. 6
Radiation von x, y, z innerhalb *Strangalia*, die Absolutabstände der einzelnen Arten sind ebenso wie die Abstände von x, y, z bezogen auf die neutrale Art *S. quadrifasciata* angegeben

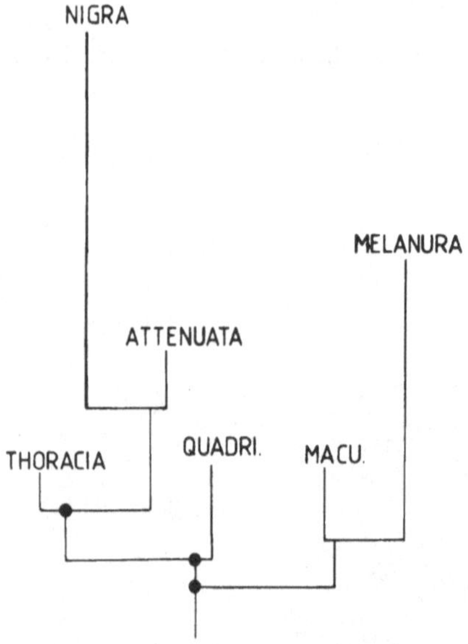

Abb. 7
Systematik der Gattung *Strangalia*; vergl. Abb. 4

zeigt – ohne direkt systematische Schlüsse zuzulassen –, daß innerhalb der Lepturinae mehrere Trends einer Differenzierung der Pars stridens existieren. Ausgehend von *Strangalia* läßt sich eine Entwicklungslinie kennzeichnen, die von *Judolia* aufgenommen wird. Demgegenüber setzt sich *Gaurotes* ab (Abb. 11). Schließlich findet sich in *Stenocorus* eine wiederum andere Entwicklungstendenz. Diese scheint im Ansatz schon bei dem allerdings von *Leptura* nur gering verschiedenen *Rhagium mordax* vorgeprägt.

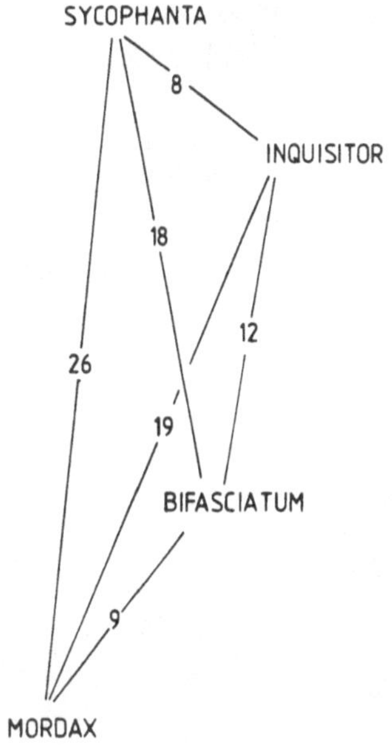

Abb. 8
Abstandsverhältnisse innerhalb der Gattung *Rhagium*, die Werte sind über $|\vec{r}_i - \vec{r}_j|$ gewonnen

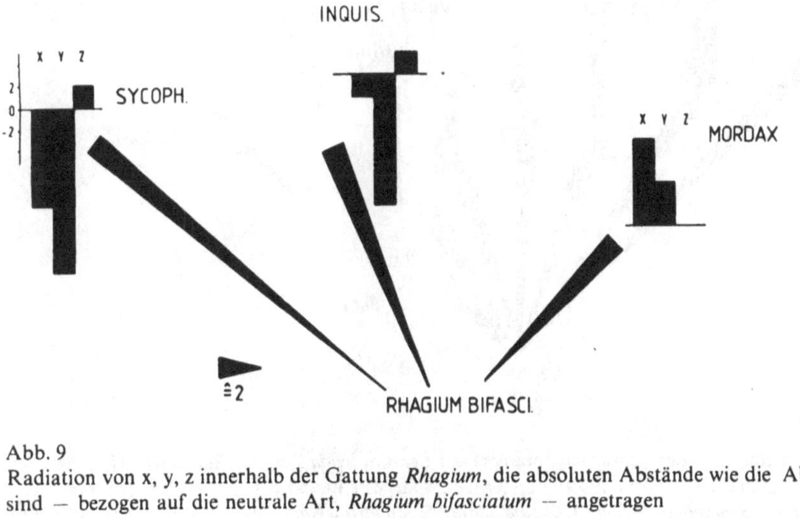

Abb. 9
Radiation von x, y, z innerhalb der Gattung *Rhagium*, die absoluten Abstände wie die Abstände von x, y, z sind – bezogen auf die neutrale Art, *Rhagium bifasciatum* – angetragen

Nun sind diese Ergebnisse zunächst von eher heuristischer Funktion. Die Abstände der verschiedenen Arten zu *Leptura* sind angetragen, doch kann es zu einer systematisch verwertbaren Aussage nur dann kommen, wenn es gelingt, diesen Entwicklungslinien im Detail zu folgen.

Besonderes Interesse verdient zunächst das Verhältnis von *Leptura* und *Strangalia*. Diese Gattungen sind eng verwandt. Dies zeigte die Berechnung der absoluten Abstandsverhältnisse (Tab. 3). Eine spezifizierte Darstellung der relativen Abstandsverhältnisse

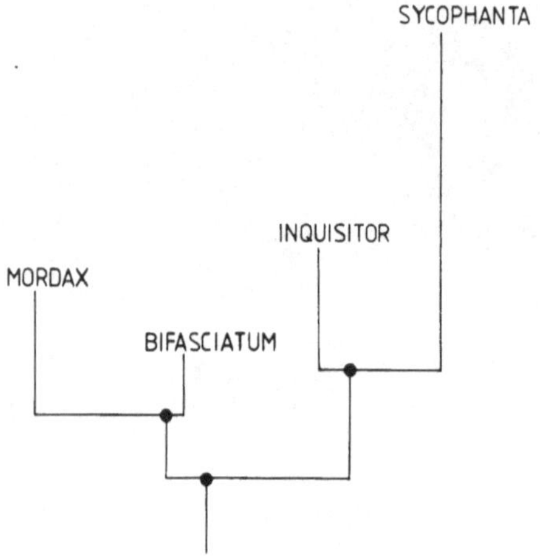

Abb. 10
Systematik der Gattung *Rhagium*; vergl. Abb. 4

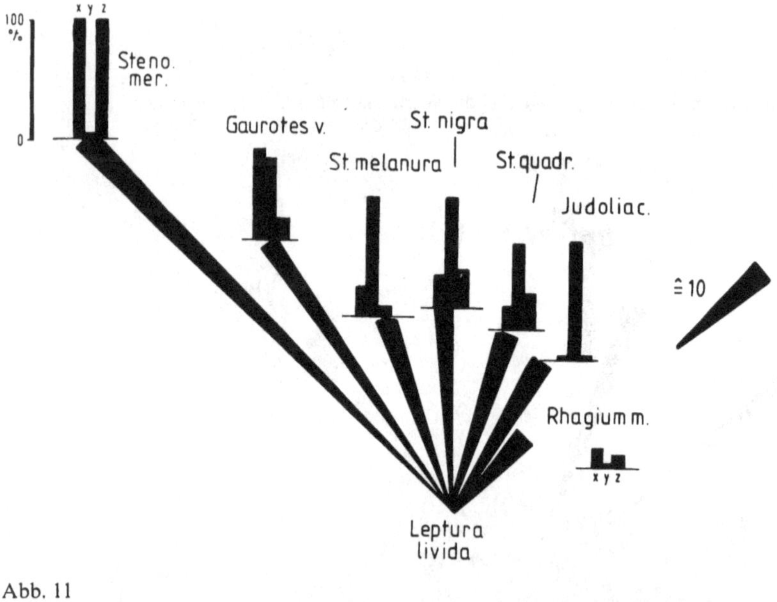

Abb. 11
Radiation von x, y, z innerhalb der Lepturinae, bezogen auf *Leptura livida* sind die relativen Variationen der Einzelparameter x, y, z und der Absolutabstand angegeben. Dargestellt sind die Arten: *Stenocorus meridianus*, *Gaurotes virginea*, *Strangalia melanura*, *S. maculata*, *S. quadrifasciata*, *Judolia cerambyciformis* und *Rhagium mordax*

zeigt, daß die basale *Strangalia*-Art, *S. quadrifasciata* am engsten zu *Leptura dubia* zugeordnet scheint. Eine umfassendere Analyse der Abstandsverhältnisse der Gattungen *Leptura*/*Strangalia* bestätigt, daß *Letura dubia* die Art ist, die dem Stammbereich von *Strangalia* am engsten zuzuordnen ist.

Die Darstellung der relativen Variabilität von x, y, z bestätigt, daß in *Strangalia quadrifasciata* die schon in *Leptura dubia* vorgefundene Tendenz fortgeführt wird. Insofern

Tab. 3
Absolute Abstandsverhältnisse der verschiedenen Arten zu *Leptura dubia*

Leptura dubia	O
Strangalia quadrifasciata	8.83176088
Leptura erythroptera	10.9544512
Strangalia thoracia	11.4017543
Rhagium sycophanta	11.5758369
Gaurotes virginea	11.8743421
Alosterna tabacicolor	12.1243557
Strangalia attenuata	12.6885776
Leptura fulva	12.8840987
Leptura sanguinolenta	13.4907376
Strangalia maculata	13.9283883
Judolia cerambyciformis	15.0332964
Rhagium inquisitor	15.3622915
Leptura rubra	16.0312196
Neovadonia steveni	16.673332
Rhagium bifasciatum	17.5499288
Rhamnusium bicolor	19.9248589
Leptura livida	22.3830293
Strangalia melanura	22.5831796
Rhagium mordax	26.3058929
Strangalia nigra	30.2820079
Desmocerus palliatus	36.2904947
Stenocorus meridianus	38.1051178

folgt, daß *Leptura* die gegenüber *Strangalia* basalere Gattung ist. Der Stammbereich von *Strangalia* ist in dem durch *Leptura dubia* repräsentierten Entwicklungsstrang zu suchen. Die weitere Analyse ist entsprechend fortzusetzen. Aus der relativen Distanzierung der Arten läßt sich eine Stufung *Leptura* – *Strangalia* – *Judolia* und eine Reihe *Strangalia* – -*Rhagium* – *Rhamnusium* folgern (Abb. 12). Hierin erscheint *Strangalia melanura* als die zu *Judolia* und *Rhagium* nächstverwandte Art der Gattung *Stranglia*.

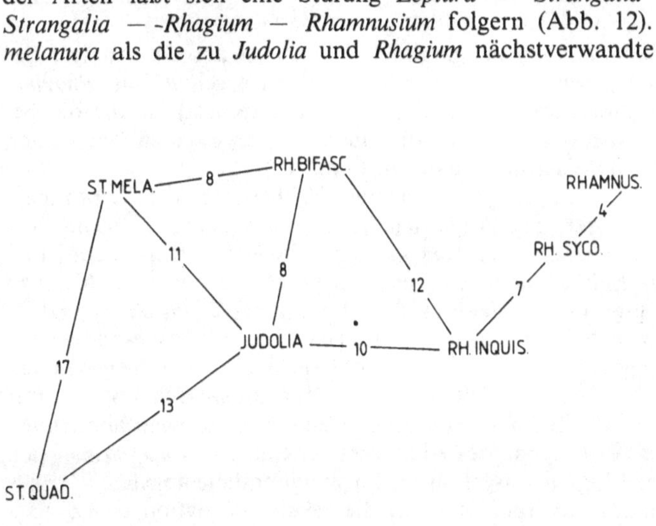

Abb. 12
Abstandsverhältnisse verschiedener Lepturinae, *Strangalia quadrifasciata*, *S. melanura*, *Judolia cerambyciformis*, *Rhagium inquisitor*, *R. bifasciatum*, *R. sycophanta*, und *Rhamnusium bicolor*, die Werte sind über |ā — b̄| gewonnen

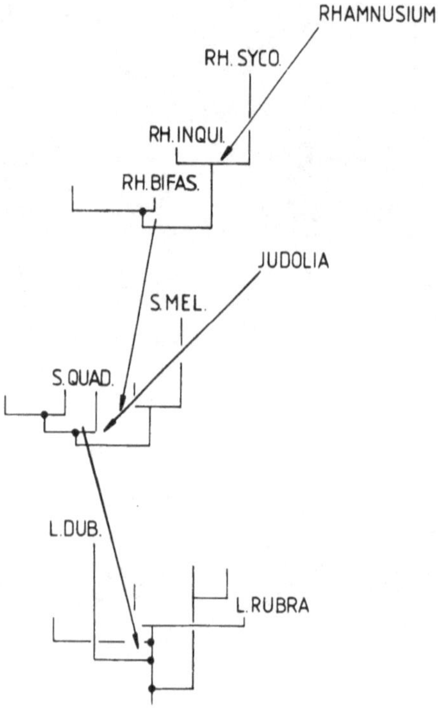

Abb. 13
Schema der Verwandtschaftsverhältnisse verschiedener Lepturinae; L: *Leptura*, S: *Strangalia*, Rh: *Rhagium*

Rhagium sycophanta ist eng an *Rhamnusium* geordnet. Hierbei ist aus der Analyse der Einzelparameter bekannt, daß *Rhamnusium* nur Exponent einer schon mit *Rhagium inquisitor* ansetzenden Entwicklungstendenz ist (Abb. 9). Entsprechend ist für die benannten Arten ein Schema zu entwerfen, daß die aus den dargestellten Momenten abgeleiteten systematischen Schlußfolgerungen darstellt (Abb. 13).

Leptura stellt die basale Gattung des untersuchten Teilbereichs der Lepturinae. Der Stammgruppe dieser Gattung steht *Leptura fulva* nahe.. *Strangalia* hat sich aus der vorgenannten Gruppe entwickelt. Die basale Art *Strangalia quadrifasciata* zeigt sich dem durch *Leptura dubia* repräsentierten Entwicklungstrend eng verwandt. *Judolia* und *Rhagium* haben sich parallel, unabhängig voneinander aus der von *Strangalia melanura* und *S. maculata* vertretenen Tendenz entwickelt. Beide Gattungen, dies gilt insbesondere für *Judolia*, separieren sich allerdings schon ‚früh', im basalen Bereich der durch die genannten *Strangalia*-Arten repräsentierten Tendenz. Die Gattung *Rhamnusium* schließlich führt eine Entwicklungslinie fort, die sich in *Rhagium inquisitor* und *R. sycophanta* abzeichnet. Ihr Unterschied speziell in der Ausprägung des z-Parameters zeigt, daß *Rhamnusium* sich aus dem basalen Bereich der in *Rhagium* ausgeprägten Entwicklungslinie ableitet.

Das gewonnene Raster erlaubt nun rückblickend, die relative Variation der x, y, z Parameter aufzuzeigen (Abb. 15). Es findet sich, daß *Strangalia* den über *Leptura dubia* vorgegebenen Trend zunächst aufnimmt. *Judolia* und *Rhagium* sind beide dem durch *Strangalia melanura* repräsentierten Stammbereich zuzuordnen. Sie entwickeln sich allerdings parallel zueinander. *Rhamnusium* nimmt die in *Rhagium* ausgeprägte Tendenz auf.

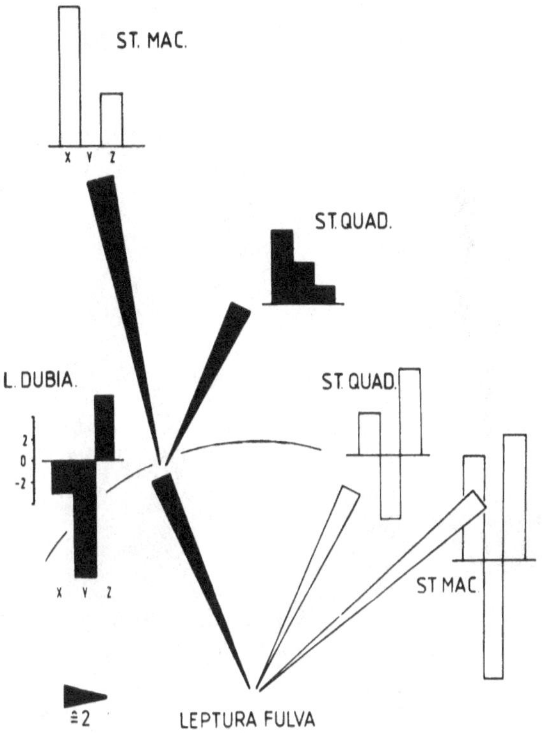

Abb. 14
Radiation der x,y,z-Parameter innerhalb der Gattungen *Leptura* und *Strangalia*, die Absolutabstände – bezogen auf *Leptura fulva* resp. *Leptura dubia* sind ebenso angegeben wie die entsprechenden Verschiebungen der x,y,z-Parameter; die nahe verwandten *L. dubia* und *Strangalia maculata* sind hervorgehoben

4. Diskussion

Es zeigt sich, daß die x, y, z Parameter unabhängig voneinander radiieren. So ist zum einen eine auch theoretisch interessante Darstellung der Variabilität der Elemente eines Merkmalskomplexes gewonnen, zum anderen ist es von hier her möglich, einzelne Entwicklungsschübe in der Ausbildung dieses Merkmalskomplexes nuancierter zu beurteilen. Damit ist ein Werkzeug zu einer differenzierten Skalierung der Verwandtschaftsbeziehungen der Lepturinae gewonnen. Eine umfassende Charakterisierung der Radiation einzelner Gattungen der Lepturinae steht hierbei noch aus.

In der vorliegenden Darstellung wurde die Radiation eines Merkmalskomplexes, der Pars stridens nachgezeichnet. Diese ist unter der impliziten Voraussetzung dargestellt, hierbei Daten für eine phylogenetische Analyse der Lepturinae zu gewinnen.

Hiermit stellen sich drei Fragen:

1) Was zeichnet diesen Merkmalskomplex aus, daß gerade er einer entsprechenden Analyse unterzogen wurde

2) Inwieweit genügt ein Merkmalskomplex als Grundlage zum Aufweis der Verwandtschaftsverhältnisse der Lepturinae und

3) Inwieweit ist die gewonnene Maßangabe für eine relative Distanzierung der einzelnen Arten phylogenetisch zu deuten?

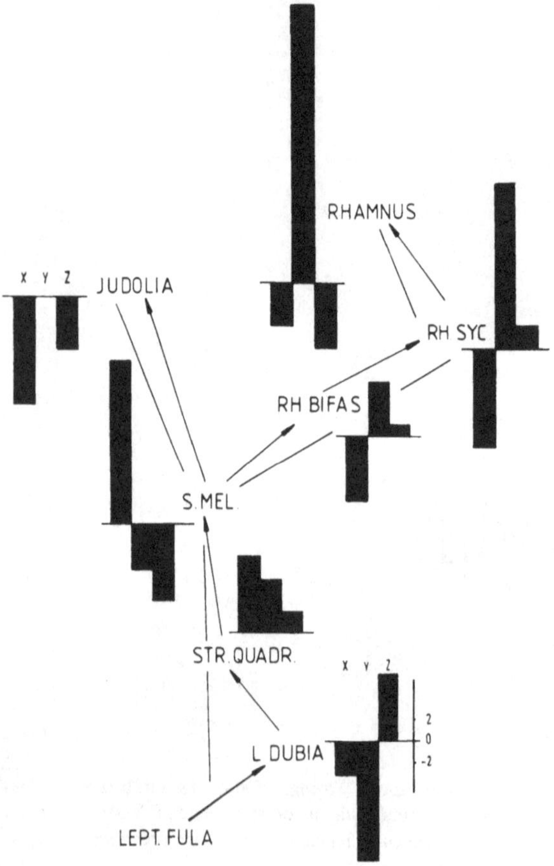

Abb. 15
Radiation der x,y,z-Parameter innerhalb der Lepturinae, die Radiation ist angegeben bezogen auf die jeweils basale Art, vergl. Abb. 13

1) Die Ethologie und die Funktionsmorphologie der Stridulation der Cerambycidae sind untersucht (BREIDBACH 1984a). Es zeigte sich, daß die Stridulationslaute artspezifische Zeitcharakteristika besitzen. Die Dimension der Pars stridens und die Zeitstruktur des Stridulationslautes sind nicht korreliert. Insofern ist das analysierte Merkmal einem direkt wirkenden Streß entzogen. Stridulation findet sich als Element inner — wie zwischenalterlicher Kommunikation. Sie ist Element des Aggressions wie des Paarungsverhaltens. Damit unterliegt sie keinem eindeutig richtenden Selektionsdruck. Ferner ist die Stridulation im Verhalten von nur nachrangiger Bedeutung. Sie ist durch andere Verhaltenselemente taktil, vibratorischer Stimulation substituierbar. Damit ist sie einer ethologisch/ökologisch bedingten Radiation weitgehend entzogen. Dennoch ist diese Struktur auf ihre Funktion hin abgestimmt und — dies zeigt auch eine Analyse der Cerambycidae insgesamt — keineswegs als rudimentär oder degeneriert zu deuten. Wir finden eine ausdifferenzierte, gut abzugrenzende und zu quantifizierende Struktur vor, die auf Grund der vorgenannten Eigenschaften als Grundlage für eine vergleichende Analyse der Lepturinae geeignet scheint. Die sehr offene Einbindung der Stridulation in das Verhalten ist hierbei kein Spezifikum speziell dieses Verhaltenselementes, sie exempliziert vielmehr grundsätzliche Momente des Verhaltensaufbaus dieser Arten (BREIDBACH in Vorbereitung).

2) Die Eignung des Merkmalskomplexes für eine vergleichende Untersuchung ist erwiesen. Offen ist nun, inwieweit solch ein einzelner Merkmalskomplex als Grundlage für eine entsprechende Untersuchung genügt. Die Antwort hierauf umfaßt zwei Aspekte:

Zum einen gebietet sich eine entsprechende Beschränkung schon aus praktischen Gründen. Sinnvoll kann eine Feinanalyse, wie sie hier vorgelegt wird, nur dann sein, wenn die dieser Analyse zugrunde gelegten Merkmale funktionell weitgehend charakterisiert sind. Für diese Merkmale gelten zudem die oben angeführten Charakteristika. Wichtig ist es ferner, daß die Feinskalierung in der Positionierung der Arten zueinander über Einzelkomponenten eines Funktionsbereiches erschlossen wird. Somit greifen nicht einzelne verschiedenen Selektionsprozessen unterworfene Einheiten ineinander, gekennzeichnet ist vielmehr ein auch funktionell – von morphologischen Kriterien her – eindeutig gekennzeichneter Funktionszusammenhang, über dessen grundsätzliche Gewichtung in der Skalierung der ihn kennzeichnenden Einzelkomponenten insoweit keine Unklarheit herrscht.

Zudem – dies deutet sich in den vorstehenden Sätzen schon an – verlangen aber auch grundsätzliche Überlegungen die Beschränkung der Analyse auf einen Merkmalsbereich. Finde ich unterschiedliche Merkmalskomplexe, die den voranstehenden Bedingungen genügen, so kann ich die zu gewinnende Skalierung nicht über eine bloße Addition des von dort her erweiterten Merkmalsbereiches erstellen. Da die verschiedenen Strukturen unterschiedlichen Bildungsmodalitäten, verschiedenen Selektions ‚zwängen' unterworfen sind, ist ein quantitativer Bezug der verschiedenen Funktionseinheiten problematisch. Sinnvoll ist es nurmehr, die einzelnen Komplexe zunächst jeweils isoliert zu betrachten, die in der Art der vorgestellten Ergebnisse gewonnenen Schlüsse dann miteinander zu vergleichen und so eine wechselseitige Kontrolle der erlangten Ergebnisse zu erarbeiten. Das Bezugssystem, das es erlaubt die Verwandtschaftsbeziehungen zu erarbeiten, bleibt hierbei jeweils auf einen Merkmalskomplex beschränkt.

Hiermit ergibt sich aber zugleich die Möglichkeit, die Radiation verschiedener Funktionseinheiten miteinander zu vergleichen. Besonderes Interesse verspricht hierbei ein Vergleich ‚wenig' und ‚hoch' gestreßter Merkmalsbereiche – etwa der Variation des Sensillenbesatzes. Im Bezug auf ein – dem aufgewiesenen Komplex entsprechendes – weitgehend ‚formkonstantes' Merkmalsfeld wären so funktionell bedingte Radiationen einzelner Merkmale nachzuzeichnen. Die Variation der Gesamtstruktur eines Organismus wäre insofern auf ein Grundmaß rückzubeziehen, womit spezifizierte Aussagen zur Diversifizierung der Gesamtgestalt und den hieraus abzuleitenden phylogenetischen Folgerungen möglich wären. Interessant ist unter diesem Aspekt denn auch der Befund der vorliegenden Studie, daß selbst die Komponenten eines Merkmalsbereiches unabhängig voneinander radiieren.

Offen ist damit aber noch, inwieweit 3) das gewonnene Maß in der Zuordnung der Arten phylogenetisch zu interpretieren ist.

Die Erläuterung zur Einführung von m seien vorausgesetzt. So ist mit $|\bar{a}^n - \bar{m}|$ der Abstand einer Art a^n zu der der Stammart am nächsten stehenden Art m aufgezeigt. Der Gesamtabstand mißt die ‚Distanz', die über x, y, z zu spezifizieren ist. So ist – wie aufgewiesen – eine Zuordnung von a^q, a^p möglich. Gewonnen ist somit ein Netzdiagramm der Ähnlichkeitsbeziehungen der Arten der betrachteten Gattung, die über m aufeinander bezogen sind. Die Distanz der Arten zueinander, die über x, y, z eindeutig zueinander positioniert sind, bildet die verschiedenen Trends in der Entwicklung des Merkmalsbereiches ab. Dessen spezifische Eigenschaften – siehe 1) und 2) – erlauben es, dies gewonnene Bild als eine Darstellung der Bezüge der Gesamtgestalten zu interpretieren.

Die einem Trend verhafteten Arten sind enger verwandt als die verschiedene Entwicklungslinien aufzeichnenden Arten. So ist es möglich aus der skalierten Distanzierung der Art auf monophyletische Gruppen zu schließen, und diese dann wieder aufeinander zu beziehen, so daß a^n, a^p, a^q in ihrem Bezug – etwa $(a^n(a^p, a^q)$ – dargestellt werden können. Das Resultat einer entsprechenden Darstellung ermöglicht es so, die Verwandtschaftsbezüge der Arten einer Gattung aufzuweisen. Hierbei ist es möglich enger verwandte Teilgruppen zu charakterisieren und diese in einem zweiten Schritt wieder aufeinander zu beziehen. Die gewonnene Darstellung kommt somit einem den real historischen Bezug der Arten kennzeichnenden Verzweigungsmuster sehr nahe. Rückläufige Entwicklungsschübe sind erkennbar. ‚Statische' Typen lassen sich dem Gesamtverband der betrachteten Arten zuordnen. Damit geht die Analyse in ihrem Ergebnis über ein logisches Diagramm der Ähnlichkeitsbezüge hinaus, die – gemittelt über die verschiedenen Extremwerte – nur schwer ein entsprechend spezifiziertes Bild zu erstellen erlaubt. Angaben über eine zeitliche Schichtung der aufgewiesenen Verwandtschaftsbeziehungen sind allerdings nicht möglich.

Die auf Gattungsebene ansetzende Analyse konnte die Radiation der einzelnen Parameter des Merkmalskomplexes darstellen. Hierbei zeigte sich, daß die einzelnen Parameter x, y, z) einer Funktionseinheit unabhängig voneinander variieren. Ähnliches ist auch von anderen Untersuchungen bekannt (MAYR 1967, SIMPSON 1977). Interessant aber ist die Möglichkeit, die aufgezeigten Radiationen einem engmaschigen Netz aufgewiesener Verwandtschaftsbeziehungen zuzordnen. Hiermit sind Differenzierungsprozesse schon auf Ebene der Gattung greifbar. Insbesondere in Hinblick auf die Bewertung der ‚Realität' einer Gattung ist dies von Interesse (WILEY 1981).

Die Stridulation ist kein Spezifikum der Lepturinae. Das Stridulationsorgan läßt sich – mit Ausnahme der Prioninae – bei allen Unterfamilien der Cerambycidae aufweisen. Zumindest innerhalb der Lepturinae zeichnet es die Entwicklung dieser Gruppe nach. In der möglichen Skalierung der einzelnen Arten über die gewonnenen Daten zeigt sich ein Vorteil gegenüber einer cladistischen Analyse (BOUCOT 1979, ELDREDGE 1979, SOBER 1983, 1984). Es werden definite Abstandsverhältnisse aufgewiesen, die auch bei unvollständiger Kenntnis einer Gruppe definite Beziehungen zwischen einzelnen Arten erschließen lassen. Voraussetzung für eine übergreifendere Darstellung der Verwandtschaftsbeziehungen ist allerdings eine umfassende Darstellung der Radiation auf Gattungsebene. Zudem ermöglicht der vorgeschlagene Ansatz eine differenziertere Betrachtung der Gattung und eröffnet so, innerhalb der Lepturinae, die Möglichkeit einer evolutionsbiologisch fundierten Analyse dieser Kategorie.

5. Zusammenfassung

Die relative Dimensionierung der Pars stridens, gefaßt in drei Parametern: der relativen Größe der Einzelrippe der Pars stridens x, der relativen Länge y und der relativen Breite z des Mesoscutums ermöglicht eine quantifizierbare Beschreibung der Variation der Pars stridens innerhalb der Lepturinae. Die Parameter sind artspezifisch. Über die Parameter ist eine Art als Element eines n-dimensionalen Raumes definiert, der ein Ursprungsvektor zuzuordnen ist. Von daher läßt sich der relative Abstand zweier Arten sowohl hinsichtlich ihrer absoluten Distanz als auch hinsichtlich der Bedeutung einzelner Parameter erarbeiten. Aus Studien der Ethologie und Funktionsmorphologie der Stridulation bestätigt sich, daß die Radiation der Pars stridens die Entwicklung der Lepturinae nachzeichnet.

Aussagen zur Verwandtschaft einzelner Lepturinae werden gewonnen.

Den Herren Prof. W. HAAS, Prof. W. KLOFT, Dr. O. KUDRNA, und Dr. E. WOLFRAM danke ich für eine kritische Durchsicht des Manuskriptes. Herrn M. KOHLER danke ich für die Entwicklung des Computerprogrammes.

6. Literatur

BOUCOT, A. J. (1979): Cladistics: Is It Really Different from Classical Taxonomy? – in: CRACRAFT, J. ELDREDGE, N., Phylogenetic Analysis and Paleontology. New York: Columbia University Press, 199 bis 210.

BREIDBACH, O., (1984a): Morphologische und ethologische Bedingungen einfacher Verhaltensmuster des Cerambycidae Hylotrupes bajulus (L.) (Insecta: Coleoptera). – Bonn: Diss.

– (1984b): Phylogenetische Implikationen des Baus der Pars stridens der Cerambycidae – Verh. Dtsch. Zool. Ges. 1984, im Druck

– (1986): Aggression behaviour in the cerambycid beetle *Hylotrupes bajulus* (L.) (Insecta: Coleoptera). – In Vorbereitung.

CROWSON, R. A. (1967): The Natural Classification of the Families of Coleoptera. Hampton: E. W. CLASSEY

ELDREDGE, N. (1979): Cladism and Common Sense – in: CRACRAFT, J., ELDREDGE, N., Phylogenetic Analysis and Paleontology. New York: Columbia University Press, 165–198.

HARDE, K. W. (1966): Cerambycidae – in: FREUDE, H., HARDE, K. W., LOHSE, G. A.: Die Käfer Mitteleuropas Bd. 9, Krefeld: GOECKE & EVERS.

KASZAB, Z. (1936/37): Morphologische und systematische Untersuchungen über das Stridulationsorgan der Blumenbockkäfer (Lepturina). – Festschrift EMBRIK STRAND Bd. 4, Riga, 149–163.

MANN, J. S., CROWSON, R. A. (1983): Phlogenetic significance of the Ventral Nerve Cord in the Chrysomeloidea (Coleoptera, Phytophaga). – Syst. Entomol. **8**: 103–119.

MAYR, E., (1967): Artbegriff und Evolution. Berlin: PAREY-Verlag.

MICHELSEN, A. (1966): On the Evolution of Tactile Stimulatory Actions in Longhorned Beetles (Cerambycidae, Coleoptera). – Z. Tierpsychol. **23**, 257–266.

SALLAS, U. (1936): Über das Flügelgeäder und die phylogenetische Entwicklung der Cerambycidae. – Annales Zoologica, Vanamo **4**, Helsinki.

SCHMITT, M., MISCHKE, U., WACHMANN, E. (1982): Phylogenetic and Functional Implications of the Rhabdom Patterns in the Eyes of Chrysomeloidea (Coleoptera). – Zoologica Scripta **11**, 31–44.

SIMPSON, G. G. (1977): Pferde, Berlin: PAREY-Verlag.

SOBER, E. (1983): Parsimony in Systematics. – Ann. Rev. Ecol. Syst. **14**, 335–357.

SOBER, E. (Hrsg.) (1984): Conceptual Issues in Evolutionary Biology. Cambridge/Mass.: Bradford.

WACHMANN, E. (1979): Untersuchungen zur Feinstruktur der Augen von Bockkäfern (Coleoptera, Cerambycidae). – Zoomorphol. **92**, 19–48.

WILEY, E. O. (1981): Phylogenetics – The Theorie and Practice of Phylogenetic Systematics. New York: J. WILEY.

Anschrift des Verfassers:

Dr. Dr. OLAF BREIDBACH
Institut für Entwicklungsphysiologie
Gyrhofstr. 17
D-5000 Köln 41

Dtsch. ent. Z., N. F. **33** (1986) 1—2, 44

Buchbesprechung

HOFFMANN, K. H. (edit): **Environmental Physiology and Biochemistry of Insects.** 296 S., 78 Abb., 3 Tab. SPRINGER-Verlag Berlin, Heidelberg, New York, Tokyo, 1985. Preis 98.— DM.

Das von K. H. HOFFMANN, gleichzeitig Autor des Vorwortes und dreier Kapitel, herausgegebene Buch enthält neun Einzeldarstellungen physiologischer und biochemischer Reaktionen der Insekten auf natürliche Umwelteinflüsse und deren Änderungen. Die sieben Autoren sind namhafte Mitarbeiter verschiedener Hochschulen und Universitäten der BRD und Westberlins.

In den ersten zwei Kapiteln wird der Einfluß der Temperatur auf die Stoffwechselvorgänge und die Ontogenie behandelt. Die Schutzmechanismen gegen nichtoptimale Temperaturen und die duale Wirkung der Temperatur auf Wachstum und Entwicklung sind besonders ausführlich dargestellt. Die umweltbedingte Auslösung, Beibehaltung und Beendigung der Dormanzerscheinungen wird im dritten Abschnitt untersucht. Im folgenden Kapitel wird die Frage beantwortet, wie Insekten die mit der Nahrung aus der Umwelt aufgenommene Energie gewinnen, speichern und gezielt für die Erfüllung der wichtigsten physiologischen Aufgaben einsetzen. Der fünfte Aufsatz behandelt die Möglichkeiten der Insekten, aus anaeroben Stoffwechselkomponenten Energie zu gewinnen, was ihnen das Existieren oder Überleben in sauerstoffarmen Medien ermöglicht. Das sechste Kapitel ist den theoretischen Modellen der Tracheenatmung, speziell dem Gasaustausch und dem damit gekoppelten Wasserverlust gewidmet. Abschnitt sieben befaßt sich mit dem Wasser- und Ionenhaushalt des Insektenkörpers. Die an seiner Regulierung beteiligten Organe und die Anpassungsstrategien werden beschrieben. Danach werden unsere Kenntnisse über die Färbung der Insekten zusammengefaßt, wobei die passive und aktive Farbänderung als Reaktion auf Umwelteinflüsse eingeschlossen ist. Die Biluminessenz der Insekten, namentlich der Lampyridae (Coleoptera), als Mittel der Kommunikation zwischen Artangehörigen steht im Mittelpunkt des letzten Beitrages. Biochemische, biophysikalische, physiologische und ethologische Aspekte werden berücksichtigt.

Allen Kapiteln ist gemeinsam, daß die geschilderten physiologischen und biochemischen Leistungen als Ergebnis von notwendigen Anpassungen an oft extreme Lebensbedingungen im Zuge der Evolution gesehen werden. Als roter Faden zieht sich durch die inhaltlich so verschiedenen Artikel die Erkenntnis, daß das neuro-endokrine System in noch stärkerem Maße als allgemein angenommen Mittler zwischen den schwankenden Umweltbedingungen und den physiologischen wie ethologischen Reaktionen der Insekten ist.

Das theoretisch anspruchsvolle Buch ist Nachschlagwerk für die behandelten Spezialprobleme und wird Physiologen wie Ökologen gleichermaßen hilfreich sein. Es rückt die Insekten weiter in den Blickpunkt als höchst interessante Objekte für die Erforschung der vielfältigen Tier-Umwelt-Beziehungen. F. HIEKE

Dtsch. ent. Z., N. F. **33** (1986) 1—2, 45—53

Types of Flatidae VII, lectotype designations and taxonomic notes on species in the Zoological Museum of the HUMBOLDT-University Berlin

(Homoptera)

By

John T. Medler

With 15 figures in the text

Abstract

Type speciments of 25 Old World species of Flatidae named by MELICHAR and JACOBI were examined. The genital characters of 15 holotype or lectotype males were illustrated.

New combinations are *Neosalurnis gracilis* (MELICHAR), from *Phyllyphanta*, *Phyllphanta declivis* (JACOBI), from *Lawana*, and *Sanurus indecora* (JACOBI), from *Neomelicharia*.

New synonymies are *Siphanta insularis* JACOBI, a junior synonym of *Sanurus dubius* MELICHAR, and *Lawana verticiplana* JACOBI, a junior synonym of *Phyllyphanta producta* (SPINOLA). *Nephesa intrusa* MELICHAR is resurrected as a valid species, not a synonym of *Poeciloptera rorida* WALKER.

The type specimens of Flatidae in the HUMBOLDT University Zoological Museum were examined in connection with my research on this family in Southeast Asia. Most of the types are based on materials described by MELICHAR, 1901, 1902, during the preparation of his monographic revision of the Flatidae. Also present are types of species described by JACOBI, 1941, that were collected during the RENSCH Expedition to the Lesser Sunda Islands.

The identity of many flatid species described by earlier workers has remained enigmatic, because in addition to inadequate descriptions, very few types have been illustrated or the male genitalia examined. Accurate identification in the Flatidae requires a knowledge of characters of the male genitalia. Therefore, male syntypes were selected as the lectotypes wherever possible, and the genitalia illustrated. The authenticity of the syntypes was verified by reference to data recorded in the original publication.

To preserve the historical status of the types, the label data associated with each specimen were recorded precisely by the following format: (1), (2), (3), etc., indicate the sequence of original labels on the pin from top to bottom. A slash (/) shows the separation of the printed or written lines on each label. Lastly, a red label with my hand printed lectotype or paralectotype designation is attached to each specimen.

This research was made possible by the help of Dr. U. GÖLLNER-SCHEIDING, to whom I express grateful acknowledgement at this time.

Alphabetical list of types

correcta MELICHAR, **1902**, p. 53 (*Mesophylla*)
Lectotype ♂ – (1) Type (orange label) (2) N. Kamerun/Joh-Albrechtshöhe/III. 96/

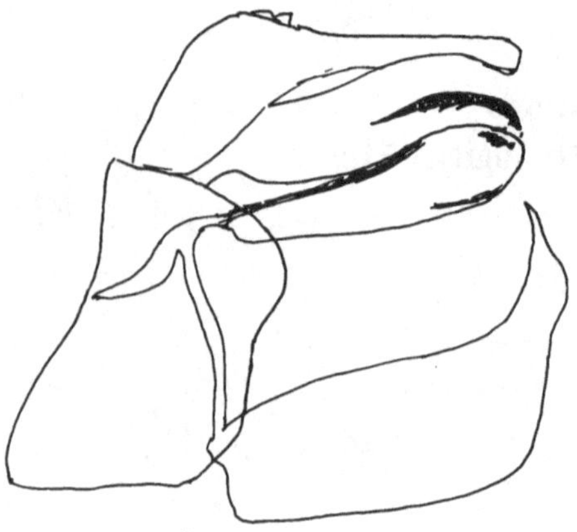

1

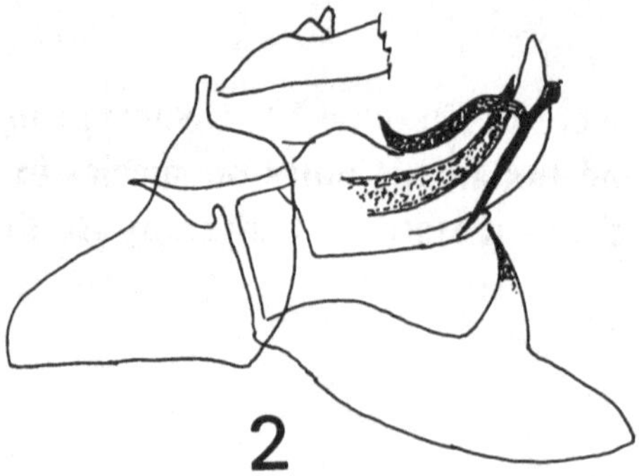

2

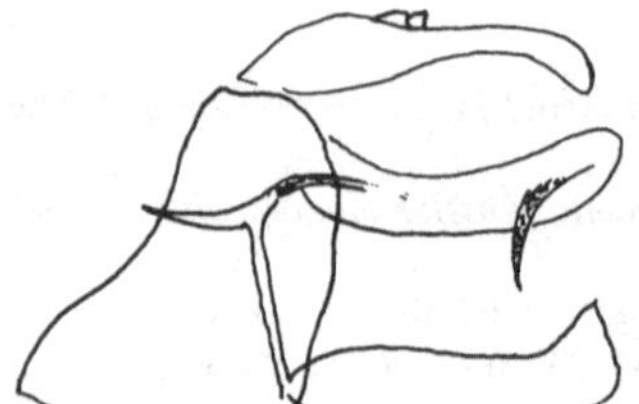

3

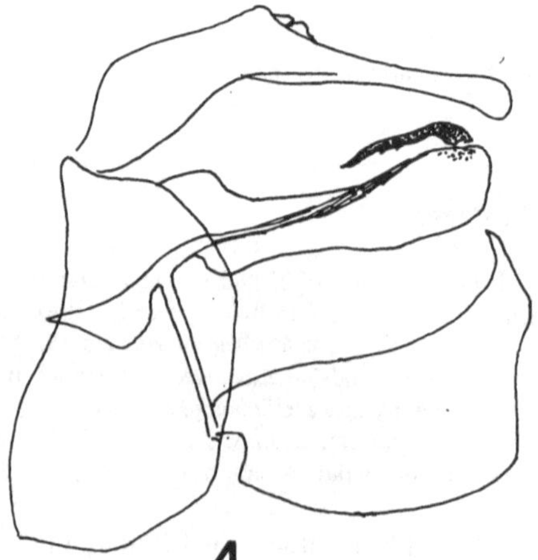

4

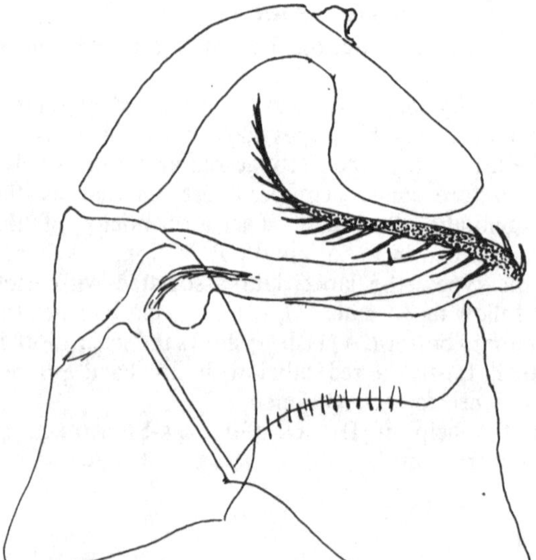

5

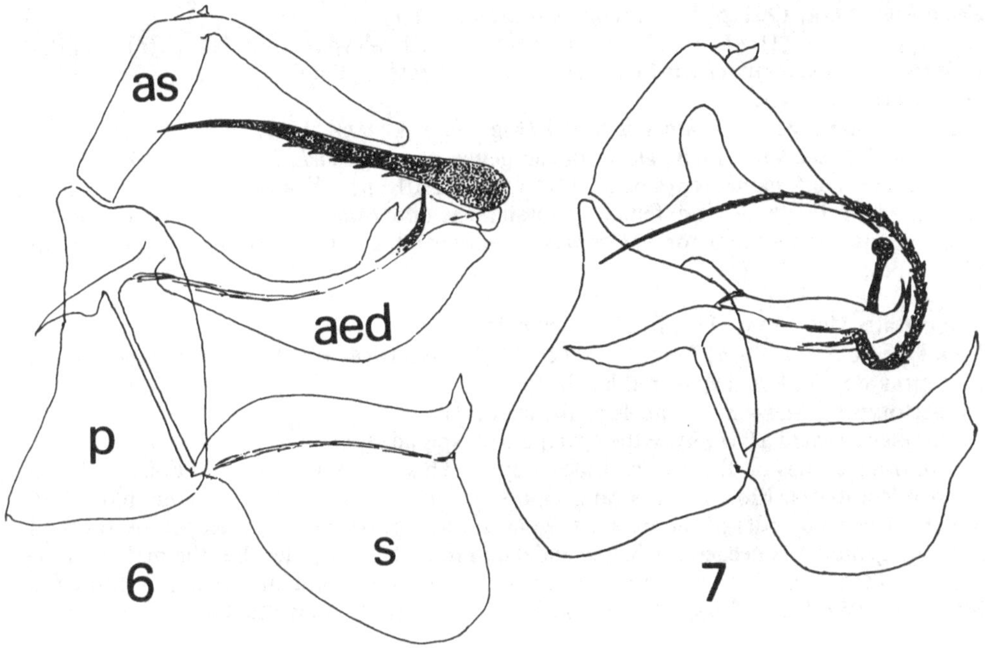

Figures 1—7
Left lateral view of male genitalia. 1, *Cerynia albata* var. *incurva* MELICHAR. 2, *Uxantis scissa* MELICHAR. 3, *Ormenis ornata* MELICHAR. 4, *Cerynia trilineata* MELICHAR. 5, *Cryptoflata nigrolimbata* MELICHAR. 6, *Mesophylla correcta* MELICHAR. 7, *Phyllyphanta sinensis* var. *gracilis* MELICHAR. aed = aedeagus, as = anal segment, p = pygofer, s = style.

L. CONRADT S. (3) Syn-Typus (red label) (4) *Mesophylla/correcta* n. sp./MELICHAR (Dissected).

The lectotype genitalia are illustrated (Fig. 6). The female syntype cited by MELICHAR was not found in the Berlin Museum. According to METCALF, 1957, the genus *Phylliana* METCALF, 1952, which is a replacement name for *Mesophylla* MELICHAR, 1901, includes species from the Philippines and Africa. A study of the genitalia showed that African species differ from Philippine species in the pattern of structures. However, the two populations cannot be differentiated by external morphological characters. FENNAH, 1957, illustrated the male genitalia of several species in the African complex, including *correcta*. **(= PHYLLIANA)**

declivis JACOBI, **1941**, p. 289 (*Lawana*)
Lectotype ♀ — (1) Sunda-Exp. RENSCH/W. Soembawa/Soembawa Besar/24.4 — 2. 5. 1927 (2) Type (red label) (3) 31 (4) Syntypus/*Lawana/declivis* JAC, 1941/det. SCHÖNEFELD 1978 (red label).

A paralectotype female is in the Dresden Museum. This species has the head and tegminal characters of *Phyllyphanta* of authors. The presence of one posttibial preapical spine excludes the species from *Lawana*. **NEW COMBINATION (= PHYLLYPHANTA)**

demota MELICHAR, **1902**, p. 22 (*Cryptoflata*)
Lectotype ♂ — (1) S. Kamerun/Lolodorf/L. CONRADT S. (2) (illegible writing)/CONRADT (3) Syn-Typus (red label) (4) *Cryptoflata/demota*/MELICHAR det. (Dissected).

The lectotype genitalia are illustrated (Fig. 8). FENNAH, 1957, also illustrated the male genitalia of a specimen identified as *demota*.

electa MELICHAR, **1902**, p. 109 (*Colgar calochroma* var.)
Lectotype ♂ – (1) 4619 (2) Luzon, Tagor (3) Syn-Typus (red label) (4) (*Atella*)/*Colgar*/*calochroma*/var. *electa*/MELICHAR det. (Dissected). Paralectotypes 3 ♀♀ – Same labels as the lectotype.

The lectotype genitalia are illustrated (Fig. 9). METCALF, 1957, included *calochroma* WALKER and *calochroma* var. *electa* in the genus *Neomelicharia* KIRKALDY, 1903, which is a replacement name for *Colgar* MELICHAR, 1901, nec KIRKALDY 1900. However, characters of the male and female genitalia exclude *calochroma* from *Neomelicharia*. A new genus is required for *calochroma*, *electa*, and other undescribed species in the Philippines.

flavoguttata MELICHAR, **1902**, p. 21 (*Cryptoflata*)
Lectotype ♀ – (1) Cat. No./5115 (2) Ceylon/NIETNER (3) *Cryptoflata*/*flavoguttata*/MELICHAR det. (4) Syn-Typus (red label).
Paralectotypes 2 ♀♀ – Same labels as the lectotype.

I have designated as lectotype the syntype with spread tegmina that shows a longitudinal pair of orange lines on the pro- and mesonotum. This marking is faded but discernible in the paralectotypes. Most of the orange spots on the tegmina of the lectotype have dark centers. The halo spots of the paralectotypes are absent or poorly developed. A study of the male genitalia is needed for better understanding of this species, but the male syntype cited by MELICHAR in the original description was not found in the Berlin Museum. METCALF, 1957, listed this species as a variety of *Flata stellaris* (WALKER).

fuscomarginata MELICHAR, **1902**, p. 78 (*Ormenis*)
Paralectotype ♀ – (1) Sumatra, Deli/Ober Sangkak/1894 M. WILDE S. (2) Syn-Typus (red label) (3) *Ormenis*/*fuscomar-*/*ginata*/MELICHAR det.

The lectotype ♀ is in the Vienna Museum. METCALF, 1957, placed this species in *Melicharia*, but should be associated with the genus *Anaya*, as done by MELICHAR, 1923.
(=ANAYA)

gracilis MELICHAR, **1902**, p. 56 (*Phyllyphanta sinensis* var.)
Lectotype ♂ – (1) Assam/HARTERT. (2) *Paracromna*/*gracilis*/MELICHAR det. (3) Syn-Typus (red label) (Dissected).
Paralectotype ♀ – (1) Ober-Assam/HARTERT. (2) Syn-Typus (red label) (3) *Paracromna*/*gracilis*/MELICHAR det.

The lectotype genitalia are illustrated (Fig. 7). The genitalia and other characters show that *gracilis* is a valid species close to *Neosalurnis reticulatus* DISTANT.
NEW COMBINATION (= NEOSALURNIS)

inclinata MELICHAR, **1902**, p. 53 (*Mesophylla*)
Paralectotype ♀ – (1) 4620 (2) Luzon. Tagor (3) Syn-Typus (red label) (4) *Mesophylla*/*inclinata*/MELICHAR det.

The lectotype male is in the Stockholm Museum. Paralectotype females are in the Stockholm and Paris Museums. *Phylliana* METCALF, 1952, is a replacement name for *Mesophylla* MELICHAR, 1902, which is preoccupied by THOMAS, 1901.
(= PHYLLIANA)

incurva MELICHAR, **1901**, p. 219 (*Cerynia albata* var.)
Lectotype ♂ – (1) 13122 (2) Ostjava/1500'/FRUHSTORFER (3) *Cerynia albata*/v. *incurva*/MELICHAR det. (4) Syn-Typus (red label). (Dissected) 13; Paralectotype ♂ – Same labels as lectotype except (1) 13123 Paralectotypes 2 ♀♀ – (1) 13121 (2) Java Kaui/Gebirge/DRIEME V. (3) *Cerynia albata*/var. *incurva*/MELICHAR det. (4) Syn-Typus (red label).

The lectolype genitalia are illustrated (Fig. 1). The tegmen of *Cerynia albata* STÅL has a variable pattern of black lines, but *incurva* can be distinguished by the short oblique line at the apex of the clavus being united with the short curved line extending apically nearly parallel with the sutural angle. The black line marking the transverse crease is narrowed to a thin crescent.

indecora JACOBI, **1941**, p. 289 (*Neomelicharia*)
Holotype ♂ – (1) Sudan Exp. RENSCH/Namigda/Lombok/17. 3. 1927 (2) Typus (red label) (3) 33 (4) Holotypus ♂/*Neomelicharia indecora* JACOBI 1941/det. SCHÖNEFELD 1978 (red label).
The holotype genitalia are illustrated (Fig. 14). Characters of the head, tegmina and genitalia show that this species belongs in the genus *Sanurus*. The species differs from *Sanurus dubius* MELICHAR.
NEW COMBINATION (= SANURUS)

insularis JACOBI, **1941**, p. 289 (*Siphanta*)
Lectotype ♀ – (1) Sunda Exp. RENSCH/(illegible locality)/3. III. 1927 (2) Type (red label) (3) 32 (4) Syntypus/*Siphanta/insularis* JAC 1941/det. SCHÖNEFELD 1978 (red label) (5) *Sanurus/venosus*/MELICHAR/det. M. J. FLETCHER.
A paralectotype ♀ is in the Dresden Museum. This species is a junior synonym of *Sanurus dubius* MELICHAR. **NEW SYNONYMY (= SANURUS)**

intrusa MELICHAR, **1902**, p. 103, pl. III, fig. 7 (*Nephesa*)
Holotype ♂ – (1) Type (orange label) (2) Sumatra/Deli/MARTIN G. (3) Holotype (red label) (4) *Nephesa/intrusa* n. sp./MELICHAR det. (Dissected).
The holotype genitalia are illustrated (Fig. 11). The external appearance of the holotype is superficially similar to *Poeciloptera rorida* WALKER, and MELICHAR's illustration misled DISTANT, 1910, in establishing *intrusa* as a synonym. However, study of the male genitalia revealed that specimens from Borneo, the type locality of *rorida*, differ from specimens in Malaya and Java. Therefore, *intrusa* is resurrected as a good species.
REVISED STATUS

javana MELICHAR, **1902**, p. 182 (*Atracis*)
Holotype ♂ (1) Ost-Java/1900'/FRUHSTORFER (2) Holotypus (red label) (3) Fl. *A./javanus*/MELICHAR det.
The holotype genitalia are illustrated (Fig. 10). MELICHAR, 1923, placed this species in *Rabocha*, which was considered to be a synonym of *Cerfennia* STÅL, 1870, by METCALF, 1957. **(= CERFENNIA)**

kirbyi MELICHAR, **1901**, p. 229 (*Hansenia*)
Lectotype ♀ – (1) Type (orange label) (2) 5071 (3) Ceylon Nietner (4) Syn-Typus (red label) (5) *Hansenia/Kirbyi*/MELICHAR det.
The male syntype in the original description was not found in the Berlin Museum. A female syntype in KIRKALDY's collection was cited by MELICHAR also. Confusion existed in the application of generic and specific names until the correct nomenclature of *Adelidoria glauca* KIRBY was established by METCALF, 1952. This species is widespread and common in Ceylon. **(= ADELIDORIA)**

nigrolimbata MELICHAR, **1902**, p. 20 (*Cryptoflata*)
Holotype ♂ – (1) Kamerun, Lolo-/dorf 15. VI. 95./L. CONRADT S. V. (2) Holotypus (red label) (3) *Cryptoflata/nigrolimbata*/MELICHAR det. (Dissected).
The holotype genitalia are illustrated (Fig. 5). This species does not appear to be represented among the seven African species of *Cryptoflata* illustrated by FENNAH, 1957.

ornata MELICHAR, **1902**, p. 95 (*Ormenis*)
Holotype ♂ – (1) Ostjava/Tengger Gbg. 4000'/FRUHSTORFER S. (2) *Ormenis/ornata/* MELICHAR det. (3) Holotypus (red label). (Dissected).

The holotype genitalia are illustrated (Fig. 3). Although listed in *Anaya* by METCALF, 1957, the species has a more elongate front and different tegminal characters than other species in that genus.

pulchra MELICHAR, **1902**, p. 128 (*Sephena*)
Holotype ♂ – (1) Neu-Guinea/Kaiser Wilh: Land/Stephansort Dez '88/ROHDE S. (2) *Sephena/pulchra/*MELICHAR det. (3) Holotypus (red label). (Dissected)

MELICHAR lapsed in citing a female in the original description. The holotype genitalia are illustrated (Fig. 12). The male genital characters of *Sephena pulchra* are similar to those of *Sephena rubrovenosa* MELICHAR, but differ in having a posteriorly directed spinous process that arises basally on the dorsal part of the aedeagus. The tegmen of the holotype is unicolorous, whereas the veins of *S. rubrovenosa* usually are heavily pigmented with red.

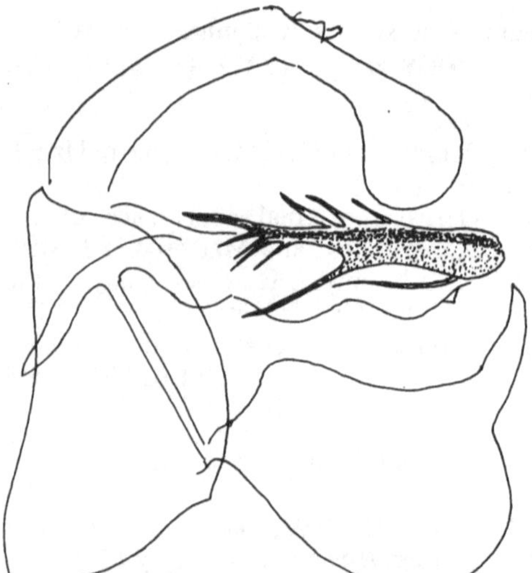

8

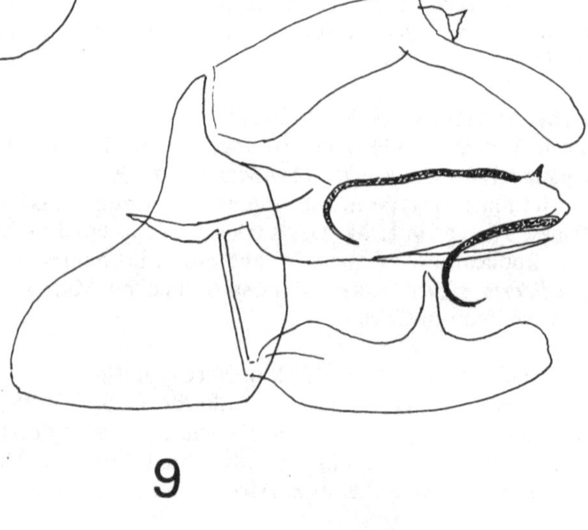

9

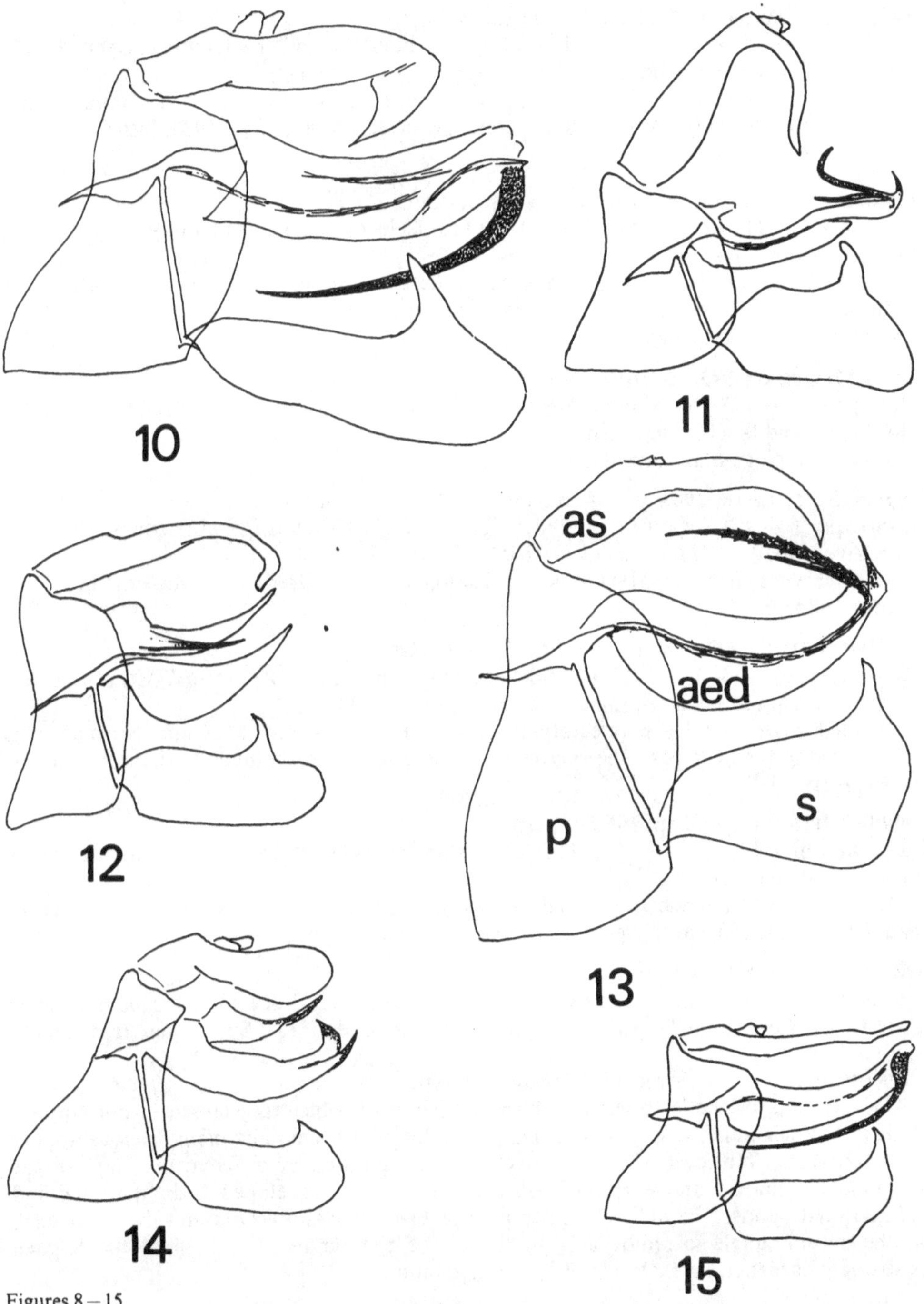

Figures 8–15
Left lateral view of male genitalia. 8, *Cryptoflata demota* MELICHAR. 9, *Colgar calochroma* var. *electa* MELICHAR. 10, *Atracis javana* MELICHAR. 11, *Nephesa intrusa* MELICHAR. 12, *Sephena pulchra* MELICHAR. 13, *Lawana verticiplana* JACOBI. 14, *Neomelicharia indecora* JACOBI. 15, *Atracis subtilis* MELICHAR. aed = aedeagus, as = anal segment, p = pygofer, s = style.

rosea MELICHAR, **1901**, p. 220 (*Cerynia maria* var.)
Paralectotypes 4 ♀♀ — (1) 13124 (2) Omi-shan/West China/KRICHELDORFF S. (3) *Cerynia/maria/*v. *rosea*/MELICHAR det. (4) Syn-Typus (red label).

MELICHAR, 1901, lapsed in publishing *rosea* under his own name, as the name should be attributed to ATKINSON, 1886. Later, however, MELICHAR, 1923, attributed the variety to ATKINSON.

rubropunctata MELICHAR, **1901**, p. 234 (*Lechaea*)
Holotype ♀ — (1) Type (pink label) (2) 9239 (3) Celebes/MEYER. (4) Holotypus (red label) (5) *Lechaea/rubropunctata*/MELICHAR n. sp.

The tegmina of the holotype have no trace of a submarginal line. This character state necessitates removal of *rubropunctata* from the genus *Lechaea* which has a distinctive submarginal line.

scissa MELICHAR, **1902**, p. 161 (*Uxantis*)
Holotype ♂ — (1) Neu Guinea/SCHLÜTER/(Halle) (2) *Uxantis/scissa*/MELICHAR det. (3) Holotypus (red label). (Dissected)

The holotype genitalia are illustrated (Fig. 2).

signoreti MELICHAR, **1901**, p. 244, pl. VI, figs. 8, 8a—d (*Flatosoma*)
Lectotype ♀ — (1) Type (orange label) (2) 13162 (3) Cirndelang/FRUHSTORFER (4) Syn-Typus (red label) (5) *Flatosoma/signoreti*/MELICHAR det.

The syntypes listed in MELICHAR's collection and the Greifswald Museum have not been examined.

stali MELICHAR, **1902**, p. 8, pl. VII, figs. 3, 3a. (*Aflata*)
Paralectotypes — ♀ (1) 10313 (2) Adelaide/SCHOMBURGK (3) *Aflata/stali*/MELICHAR det. (4) Syn-Typus (red label). ♀, same labels, except (1) 10314.

The lectotype ♀ and a paralectotype ♀ are in the Stockholm Museum. No male was found among the syntypes. The species was redescribed and the male genitalia illustrated by FLETCHER, 1979.

subtilis MELICHAR, **1902**, p. 195 (*Atracis*)
Paralectotypes 3 ♂♂, 1 ♀ — (1) 5053 (2) Ceylon/NIETNER (3) *Flatoides/subtilis*/MELICHAR det. (2 ♂♂ dissected).

The genitalia of a paralectotype male is illustrated (Fig. 15). Both dissected paralectotypes had the same genitalia as the lectotype ♂ in the Vienna Museum. **(= GAJA)**

trilineata MELICHAR, **1901**, p. 219 (*Cerynia*)
Lectotype ♂ — (1) Cat. No./5066 (2) Java Su-/matra/DE HAAN (3) *Poeciloptera maria* WHITE (4) *Cerynia trili-/neata* DE HAAN/MELICHAR det. (5) Syn-Typus (red label). (Dissected).
Paralectotypes 2 ♀♀ — Same labels as the lectotype.

The genitalia of the lectotype are illustrated (Fig. 4). MELICHAR lapsed in not citing a male in the original description. The male genitalia of *trilineata* and *albata incurva* appear to be the same. However, the two species can be separated by different markings of the tegmina. The apex of the tegmen of *trilineata* has strongly developed dusky marginal and submarginal bands. The oblique and transverse black bands are bold and the short dash in the sutural angle is removed from the tip of the clavus. The base of the tegmen is strongly darkened on each side of the orange bulla.

verticiplana JACOBI, **1941**, p. 288 (*Lawana*)
Holotype ♂ — (1) Sunda Exp. RENSCH/(illegible writing)/Sumbawa/3. V. 1927 (2) Typus (red label) (3) 30 (4) Holotypus ♀/*Lawana/verticiplana* JAC. 1941/det. SCHÖNEFELD 1978 (red label).

The holotype genitalia are illustrated (Fig. 13). The external characters and male genitalia are the same as *Phyllyphanta producta* of authors, which is a widespread species in Indonesia. **NEW SYNONYMY (= PHYLLYPHANTA)**

MELICHAR **determinations**
consocia MELICHAR (*Atracis*) — 1 ex.
cornutipennis KIRKALDY (*Phyllyphanta*) — 3 ex.: = *Pulastya acutipennis* (KIRBY)
distinctissima WALKER (*Geisha*) — 7 ex.
(included 1 misidentified specimen: = *Flata* sp.)
falcata GUERIN (*Colobesthes*) — 8 ex.
ferrugata FABRICIUS (*Nephesa*) — 11 ex.
(included 10 misidentified specimens: = *Nephesa rosea* SPINOLA
1 misidentified specimen: = *Flata* sp.)
guttifascia WALKER (*Phyma*) — 4 ex.: = *Lawana guttifascia* (WALKER)
marginella GUERIN (*Salurnis*) — 3 ex.
nietneri MELICHAR (*Atracis*) — 2 ex.
ocellata FABRICIUS (*Cryptoflata*) — 4 ex.
semanga DISTANT (*Colobesthes*) — 6 ex.
spumans BREDDIN (*Geisha*) — 1 ex.: = ? *Sabaethis* sp.

JACOBI **determinations**
candida FABRICIUS (*Lawana*) 3 ex.
everetti DISTANT (*Lombokia*) — 37 ex. +1 lost from pin in transit
(misidentified: = *Siphanta patruelis* STÅL)
Total — 90 specimens (+ 1 lost in transit)

References

ATKINSON, E. T. (1886): Notes on Indian Rhynchota, No. 5. – Jour. Asiatic Soc. Bengal **55**: 12–83.

FENNAH, R. G. (1957): Fulgoroidea from the Belgian Congo (Hemiptera Homoptera). – Annls Mus. R. Congo Belge (8°, Zool.) **59**: 1–206, 132 figs.

FLETCHER, M. J. (1979): Notes on Australian Flatidae (Homoptera, Fulgoroidea) including a new synonymy. – Gen. Appl. Ent. **11**: 67–71, 12 figs.

JACOBI, A. (1941): Die Zikadenfauna der Kleinen Sundainseln. Nach der Expeditionsausbeute von B. RENSCH. – Zool. Jahrb. Syst. Ökol. **74**: 277–322, 5 pl.

MELICHAR, L. (1901): Monographie der Acanaloniiden und Flatiden (Homoptera). — Ann. Nat. Hofmus. Wien **16**: 178–258.

– (1902): Monographie der Acanaloniiden und Flatiden (Homoptera) (Fortsetzung). Ann. Nat. Hofmus. Wien **17**: 1–123, 9 pl.

– (1923): Homoptera, fam. Acanaloniidae, Flatidae et Ricaniidae. – Gen. Insect. **182**: 1–185, 2 pl.

METCALF, Z. P. (1952): New names in the Homoptera. – Jour. Washington Acad. Sci. **42**: 226–231.

– (1957): General Catalogue of the Homoptera, Fasc. IV, Part 13, Flatidae.-North Carolina State College, Raleigh, 565 pp.

Author's address:

JOHN T. MEDLER
Bernice P. Bishop Museum
Honolulu
Hawaii, U.S.A.

Buchbesprechungen

EISENBEIS, G. und WICHARD, W.: **Atlas zur Biologie der Bodenarthropoden** (mit einem Geleitwort von F. SCHALLER, Wien). 1985. GUSTAV FISCHER Verlag Stuttgart, New York. XIV. 434 S., mit über 1100 rasterelektronenmikroskopischen Bildern auf 192 Tafeln und 219 Abbildungen im Text, 19,5 × 28 cm, Kst., Subs.-Preis DM 98.– (ab 1. 1. 1985 DM 118.–) ISBN 3-437-30451-8

Trotz intensiver Forschungsarbeiten der Bodenzoologen in den vergangenen 40 Jahren, ist vielen Biologen und erst recht allen denen, deren biologische Kenntnisse auf dem Schulwissen beruhen, das Bodenleben weitgehend unbekannt geblieben. Wer sich aber der oft mühevollen Präparation der Bodentiere unterzog, dem offenbarte sich im Mikroskop oder auch unter dem Binokular eine verwirrende Fülle von Gestalten und Strukturen. Die Elektronenmikroskopie und besonders das Scanning-Verfahren haben hier inzwischen eine neue Dimension eröffnet und dem funktionellen Reichtum der Bodentiere die Faszination optischer Darstellung der unendlichen Vielfalt gestaltlicher Differenzierungen hinzugesellt. Der vorliegende Atlas der Bodenarthropoden macht diese Vielfalt der Formen und Funktionen für einen großen Leserkreis zugänglich und durch die kurzen, fundierten Begleittexte auch funktionell durchschaubar.

Der Atlas wird jeden begeistern, der ihn einmal in die Hand genommen hat. In über 1 100 überwiegend ausgezeichneten rasterelektronenmikroskopischen Bildern werden Vertreter aller bodenbiologisch wichtigen Ordnungen der Arthropoden mit ihren feinstrukturellen Besonderheiten dargestellt. Die Texte zu den Bildtafeln sind kurz und prägnant. Es wird auf funktionsmorphologische Zusammenhänge hingewiesen und ökophysiologische Anpassungsmechanismen der Bodenarthropoden erörtert. Dem Nicht-Zoologen werden die Hinweise zur Morphologie und Biologie der behandelten Tiergruppen eine gute Hilfe sein. Dem umfangreichen Tafelteil ist ein allgemeiner Teil vorangestellt, der den Boden als Lebensraum behandelt und Ausführungen zu den Lebensformtypen und den Lebensgemeinschaften des Bodens macht. Die für die Herstellung der rasterelektronenmikroskopischen Bilder notwendige Präparationstechnik wird in einem kurzen Kapitel vorgestellt. Den Abschluß bilden ein für den systematischen Teil nach den behandelten Ordnungen gegliedertes Literaturverzeichnis und ein ausführliches Register (Arten- und Sachregister).

Das Buch ist vom Umfang und der Qualität der Abbildungen einmalig. Es muß jeden begeistern, der sich an der Vielfalt und Schönheit der Lebensformen noch erfreuen kann. Es ist gleichzeitig auch eine gute Einführung in die Bodenzoologie, die leicht verständlich bis zu neuesten Forschungsergebnissen hinführt. Es besteht kein Zweifel, daß das Interesse an bodenbiologischen Fragen dadurch neu belebt wird. A. PALISSA

ČEPELÁK, J. (a kolektív): **Diptera Slovenska I** (Nematocera, Brachycera – Orthorrhapha). VEDA, vydavatel'stvo Slovenskej akadémie vied, 288 Seiten, Bratislava 1984, Kčs 30.–

Ein Autorenkollektiv der ČSSR hat es unternommen, Daten zur Verbreitung der Dipteren im Gebiet der Slowakei zusammenzutragen. Im nun vorliegenden 1. Teil (von 19 Autoren) ist durch J. ČEPELÁK (Nitra) die Bearbeitung der Nematocera und der orthorraphen Brachycera herausgegeben worden. Mit einer Darstellung der Geschichte der Dipterologie in der Slowakei (5 Seiten) und der Gliederung dieses Gebietes in 26 Regionen und Subregionen (3 Seiten) beginnt das Buch. Danach folgt eine Übersicht über das Vorkommen der Dipteren, worin berücksichtigt sind a) alle bisher veröffentlichten Fundorte mit Angabe ihrer Region, b) neue Fundorte und c) ökologische Besonderheiten, Nahrungsart und eventuelle Bedeutung als Schädling von Larve und Imago, Flugmonate der Imagines und Häufigkeit ihres Auftretens (205 Seiten). Die Autoren haben sich darum bemüht, die heute gültigen Namen der Arten zu verwenden und geben am Ende der betreffenden Familien eine Liste von Synonyma, die ihnen wichtig erscheinen. Eine Liste (56 Seiten) beendet den Hauptteil, in der jede Art mit Angabe der Region(en) ihrer Verbreitung schnell zu finden ist. Ein Literaturverzeichnis (5 Seiten) ist ebenfalls beigegeben. – Das vorliegende Werk ist das erste dieser Art für die Slowakei. Jeder Entomologe wird sich gern auf diese fleißigen Arbeiten stützen, wenn er sich mit ökologischen und systematischen Problemen beschäftigt oder wenn er in der Schädlingsbekämpfung oder Krankheitsübertragung die beteiligten Insekten sucht. – Im Jahre 1986 soll der 2. Teil veröffentlicht werden, worin 21 Autoren in gleicher Weise über die cyclorrhaphen Brachycera berichten. D. TESCHNER

Dtsch. ent. Z., N. F. 33 (1986) 1—2, 55—63

Matsucoccus saxonicus sp. n. from Saxonian amber

(Homoptera, Coccinea)

By

Jan Koteja

With 4 figures and 1 table in the text

Abstract

Matsucoccus saxonicus sp. n. ♂ from Saxonian amber (Bitterfeld) has been established. A revised key to fossil *Matsucoccus* is presented and the taxonomy of this group is discussed. *Matsucoccus saxonicus* is suggested to be the most primitive member of the fossil Matsucoccidae.

Introduction

Just recently Koteja (1984) has established three new *Matsucoccus* species (*M. larssoni*, *M. electrinus* and *M. apterus*) and redescribed the old *M. pinnatus* (Germar et Berendt) from the Baltic amber. Examination of ten coccid inclusions of the Saxonian amber owned by the Paläontologisches Museum at the Humboldt Universität revealed that all the specimens were *Matsucoccus* males and among them two belonged to a new species — *M. saxonicus*. The remaining specimens have been included tentatively to *M. pinnatus*.

Methods, nomenclature, etc. are adopted from Koteja (1984). „Cocc" followed by a number refers to numerals of fossils in the "Catalogue of scale insect fossils" which is being prepared by the author.

Taxonomy of fossil Matsucoccidae

In the above mentioned paper I discussed several taxonomic questions and problems associated with the paleontology of coccids and proposed a taxonomy which is based on males, uncomparable with the taxonomy of recent Matsucoccidae and greatly artificial. The species have been distinguished by means of quantitative characters, mainly size of wings and appendages. It was obvious that these „species" were heterogenic units: each of them contained specimens with relatively narrow and broad wings, relatively short or long legs and antennae, etc. The alternative was to establish numerous species, each represented by a few (1—3) specimens, which seemed to be a nonsensical procedure, or resign from any establishment of species. However, there was a hope that the problems would become clear with the accumulation of materials and information, and particularly with the increase of knowledge on males of recent species. Currently, males are described only in 3 species out of nearly 30 species known.

The Saxonian amber provided materials for the first step towards a natural classification of the fossil Matsucoccidae. In two almost identical specimens the wings are short, about

1200 µm (as in *M. larssoni*), but the halteres bear 5—7 hamuli as in *M. pinnatus* and *M. electrinus*). Other features of those specimens have also an intermediate state, or are unique, for instance the width:length ratio of the wing. Thus it was necessary to revise the diagnosis of the fossil *Matsucoccus* and the key to species, and establish a new species for the two aberrant specimens. The remaining individuals, for the time being, were included to *M. pinnatus*. After further material has been collected, it will be possible to divide this taxon into natural groups.

Key to fossil male Matsucoccus

1 Wings lacking . . . . *M. apterus* KOTEJA
– Anterior wings and halteres present 2
2 Wings short and very broad, width: length ratio 1:1.7 – 1:1.8, halteres with 5 – 7 hamuli . . . . *M. saxonicus* sp. n.
– Wings narrow, width: length ratio 1:2.1 – 1:2.8 3
3 Halteres with 1—3 hamuli, wings 1130—1440 µm, antennae 900 – 1050 µm, slightly shorter than body, femur 210—270 µm, tibia 250—330 µm . . . . *M. larssoni* KOTEJA
– Halteres with 4—7 hamuli, if 3 hamuli present, then all dimensions larger than given above . . . 4
4 Wings 1560—2040 µm, antennae 1150—1650 µm, femur 270 – 390 µm, tibia 330—580 µm . . . . *M. pinnatus* (GERMAR et BERENDT)
– Wings 2000—2600 µm, antennae 1600—1900 µm, tibia 570—750 µm . . . . . *M. electrinus* KOTEJA

Matsucoccus saxonicus sp. n.

Holotype: alate male, Cocc 157 (MB.I. 411) Saxonian amber (Bitterfeld) series 8, Paläontologisches Museum at the HUMBOLDT Universität, Berlin.

Paratype: alate male, Cocc 158 (MB.I. 412), other data as in holotype.

Body about 1200 µm long, 400 µm wide at mesothorax, latter about 450 µm deep. Head (holotype) 420 µm wide; eye 130 µm in diameter from dorsum, 150 µm measured from side; distance between eyes 250 µm dorsally, 200 µm ventrally. Dorso- and ventromedial plates characteristic of *Matsucoccus*; ventral plate not accessible. Antenna 10-segmented, about 1000 µm long, first flagellar segment the longest (about 160 µm) with at least 13 setae; two terminal segments the shortest (90 – 100 µm); capitate setae on all flagellar segments except first; antennal bristles, 2 in number, on four terminal segments.

Prescutum 140 µm long, 250 µm wide; scutum 170 µm long, 400 µm wide; scutellum 140 µm long, 160 µm wide; basisternum 390 µm long. Wing very broad – 1180 – 1200 µm long, 660 – 690 µm wide (width:length ratio 1:1.7 – 1:1.8), with large anal lobe; primary folds of wing disc regular, typical of *Matsucoccus*, secondary ones sparse and irregular; a group of 5 campaniform sensilla present on subcostal ridge, proximally. Haltere 150 µm long, with 5—7 setae. Legs of intermediate size, anterior ones longer than remainder; anterior tibia 370—400 µm long. Penial sheath about 150 µm long. Pore cluster plate with about 15 ducts. Body setae could not be seen. Further data in table and figures 1—3.

Suggested host: Cupressospermum saxonicum MAI (Pinaceae).

Suggested age: Miocene, about 22 million years old.

Material examined: Cocc 157; holotype (collection data given above); amber light yellow, transparent, 10 × 5.5 × 3 (mm); specimen not shrivelled, some body parts in milky resin; can be examined from all sides. Cocc 158; paratype: amber light yellow, transparent, 4 × 4 × 1.5 (mm); specimen slightly shrivelled, without milky resin; can be examined from left side.

Note: *Matsucoccus saxonicus* sp. n. is distinct from other fossil species by the

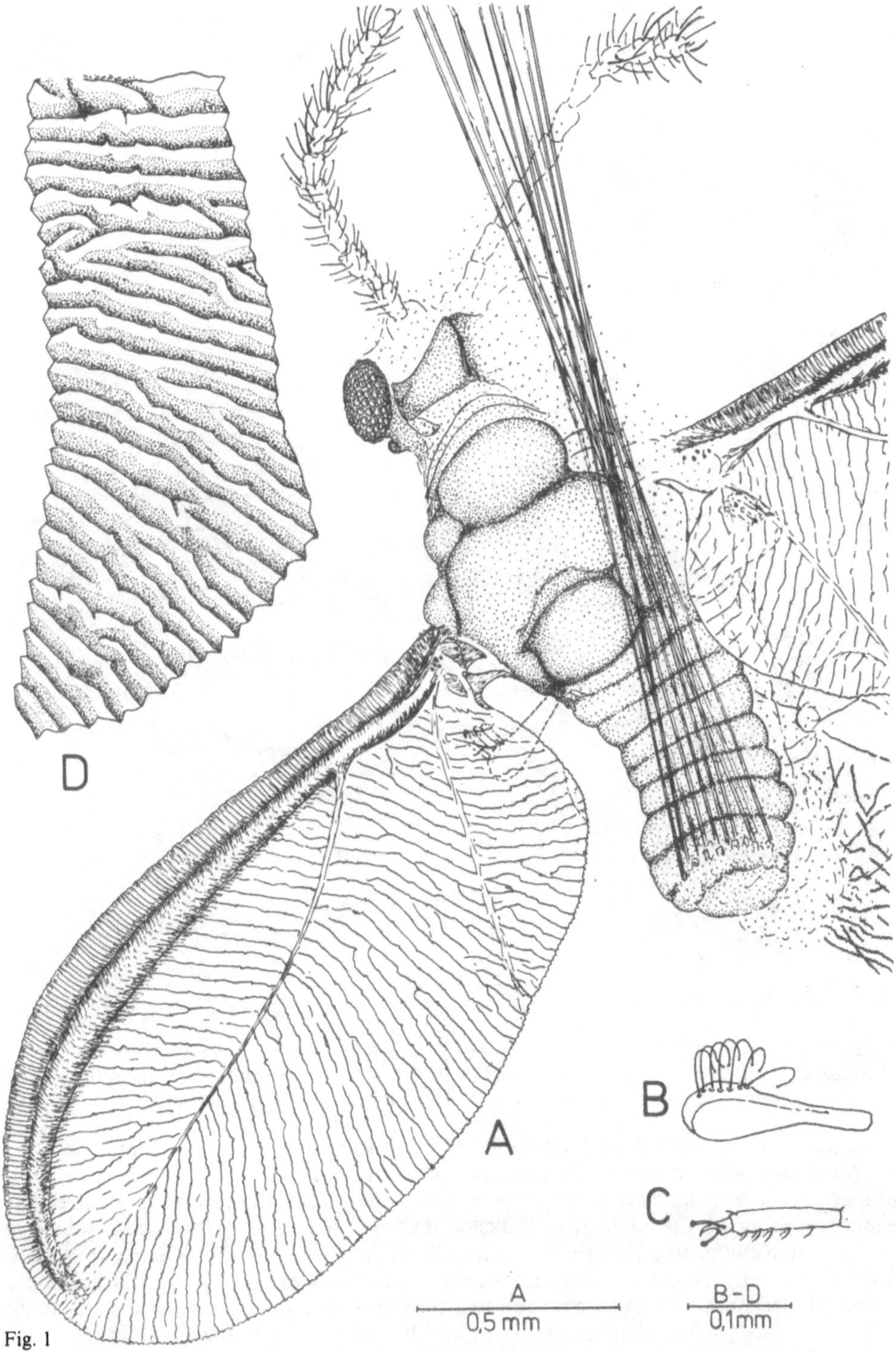

Fig. 1
Matsucoccus saxonicus sp. n., ♂, holotype, (Cocc 157, MB. I. 411), A — dorsal view, B — haltere, C — tarsus, D — portion of wing disc.

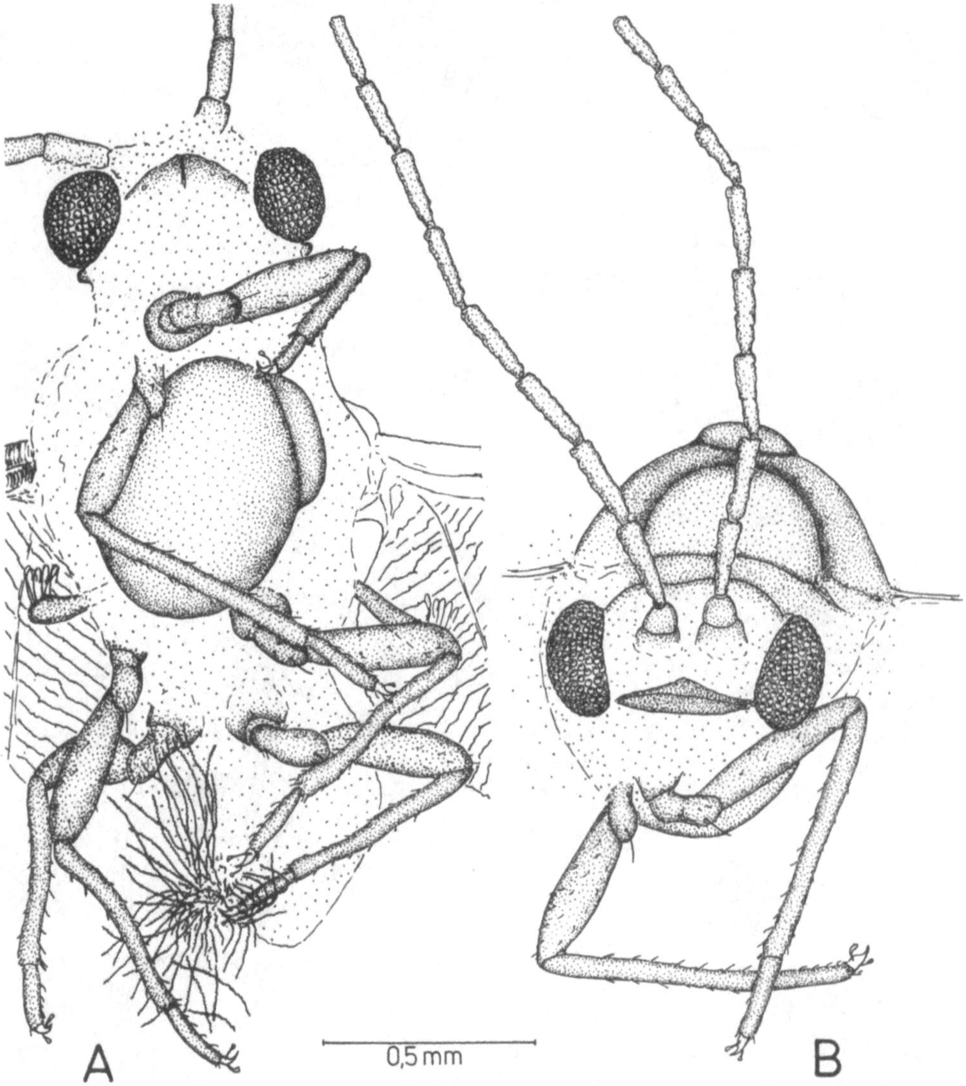

Fig. 2
Matsucoccus saxonicus sp. n., ♂, holotype, (Cocc 157 MB. I. 411), A — ventral view, with sperm bundles, B — anterior view; Sparse dots indicate milky resin, dense dots — sclerotized body parts.

broad and short wings with large anal lobe. Other features represent a mixture — halteres are short but with numerous hamuli, antennae are short, legs of intermediate size, tubular ducts are numerous, etc. These characters and the sparse and irregular secondary folds of the wing disc indicate that *M. saxonicus* is the most primitive species within the genus. Further materials will show whether this suggestion is correct. Now it can only be added that this species has not been met in the Baltic amber (about 70 specimens were examined) and that the Saxonian amber is suggested to be about 12 million years younger than the Baltic amber (BARTHEL and HETZER 1982) which means that *M. saxonicus* has not yet existed in the Baltic amber, thus it cannot be considered as an ancestral member of the Matsucoccidae.

Previously (Koteja 1984) I suggested that, with respect to the Baltic amber, paratypes should be selected only in those instances when the specimens (in addition to morphological similarity) are embedded within the same amber piece. In the case of *M. saxonicus* I selected a paratype because it was almost identical morphologically with the holotype and originated with certainty in the same geological series and locality.

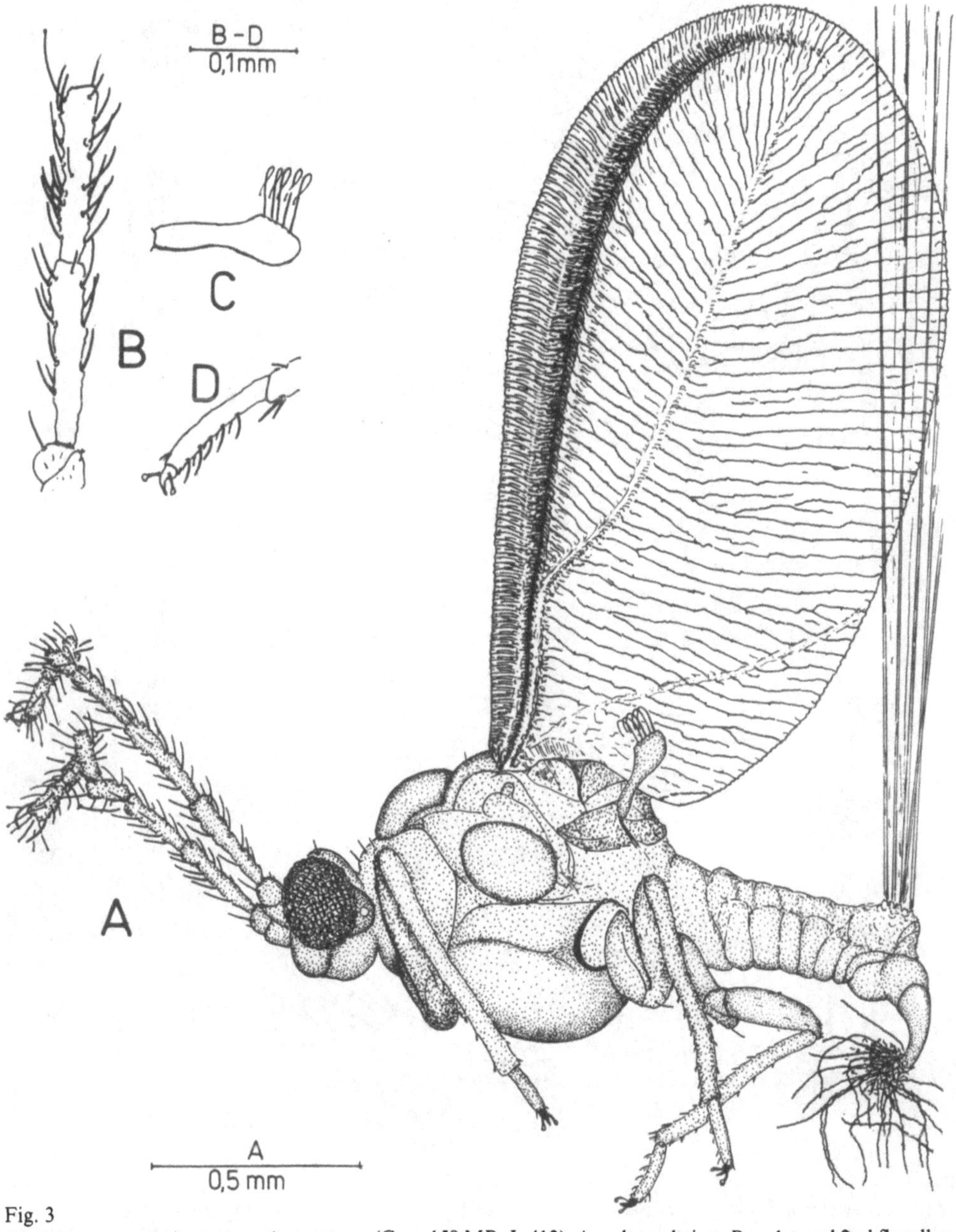

Fig. 3
Matsucoccus saxonicus sp. n., ♂, paratype, (Cocc 158 MB. I. 412), A — lateral view, B — 1st and 2nd flagellar segments, C — haltere, D — tarsus.

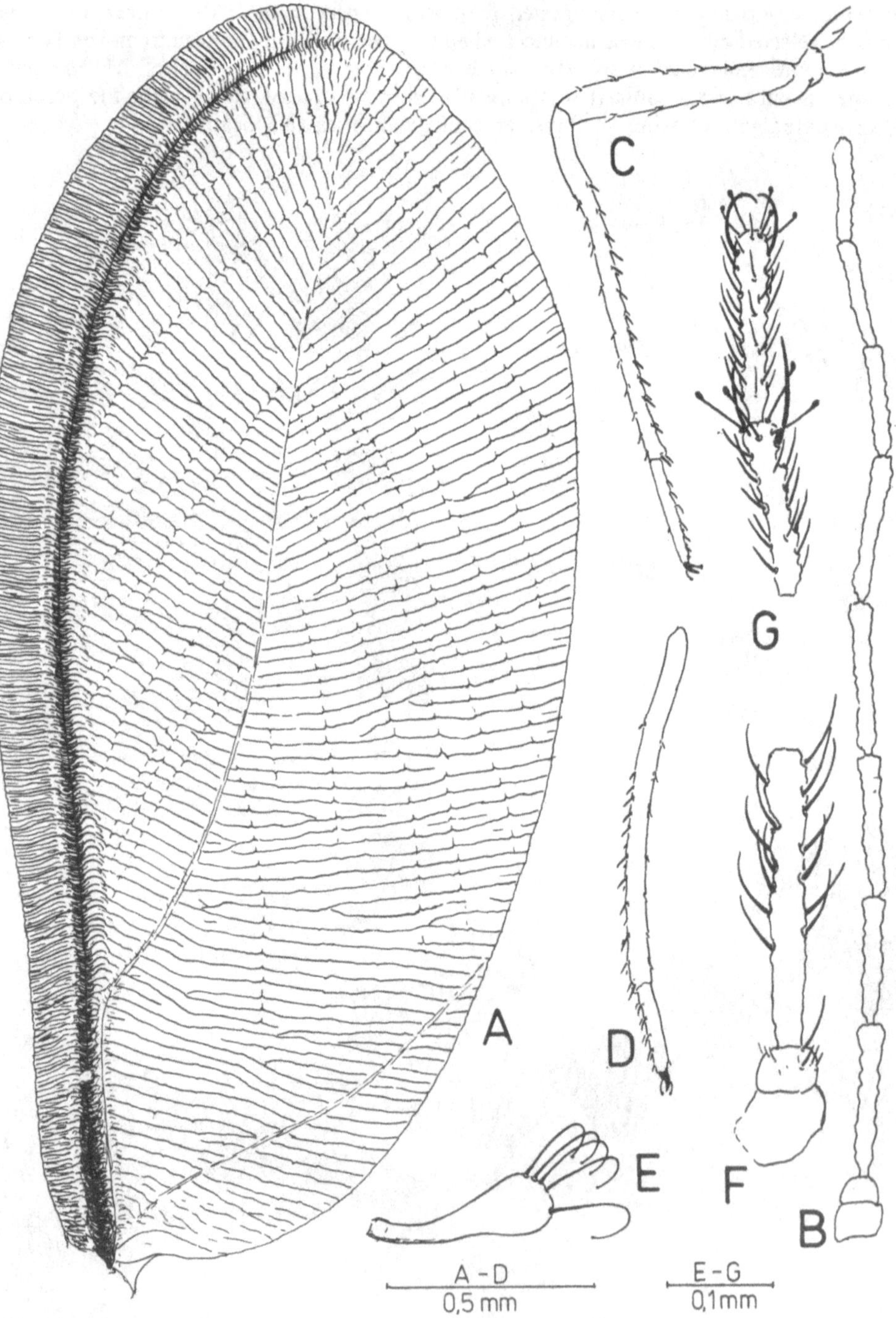

Fig. 4
Matsucoccus pinnatus (GERMAR et BERENDT), ♂, (Cocc 150 MB. I. 414), A — wing from venter (secondary folds of wing membrane from regular lines), B — antenna, C — anterior leg, D — posterior tibia, E — haltere, F — scape, pedicel and first flagellar segment, G — terminal flagellar segments.

Matsucoccus pinnatus (GERMAR ET BERENDT)

Eight specimens examined though the present course represent a homogeneous material except that in Cocc 150 the antennae and legs are somewhat larger than in others. Remarkably, only this amber piece contains stellate hairs. The specimens fit the diagnosis of *M. pinnatus* as defined by KOTEJA (1984), but the number of hamuli seems to be larger in the Saxonian material. Further data are given in the table, figure 4 and under „Material examined".

Material examined: All specimens are alate males. Collection data are the same as given for the holotype of *M. saxonicus*. The amber is light yellow, transparent. Dimensions of pieces are given in mm.

Cocc 149 (MB. I. 413), oval, 14 × 6 × 2; wings expanded, body shrivelled, ventral face of thorax and head in milky resin, dorsum of abdomen in "dirty" resin, remainder of body rather well visible. Cocc 150 (MB. I. 414), romboidal, 10 × 10 × 4; large body parts in milky resin, appendages may be examined. Cocc 151 (MB. I. 415), oval, 11 × 7 × 2; specimen in milky resin and ripples, difficult to examine. Cocc 152 (MB. I. 416), oval, 10 × 6 × 2; specimen significantly shrivelled and crumpled, very difficult in examination. Cocc 153 (MB. I. 417), oval, 11 × 3 × 2; specimen crumpled, caught in resin when dessicated, dorsum covered by wings, little can be seen. Cocc 154 (MB. I. 418), subrectangular, 6 × 6 × 2; specimen dark, some body parts in milky resin, can be examined from sides. Cocc 155 (MB. I. 419), a bar subrectangular in cross-section, 6 × 3 × 3; all body crumpled, in milky resin, very little can be seen. Cocc 156 (MB. I. 420), trapezoid, 3.5 × 3 × 2; specimen embedded within ripples, dark, shrivelled and crumpled, little can be seen.

Discussion and conclusions

1. The Saxonian amber *Matsucoccus* material is much more uniform than that of the Baltic amber. It is obvious if we take into consideration that it originated from one series and a relatively narrow area. Further studies on the Saxonian amber will provide very valuable information on the evolution of *Matsucoccus*, a monophag of the pine.

2. The examined specimens represent two species of which one, *M. saxonicus*, is distinct from all Baltic amber specimens and seems to be primitive. The remaining specimens have been included to *M. pinnatus* described from the Baltic amber. This species, almost certainly artificial, will have to be divided into natural groups after more materials and information has become available.

3. According to BARTHEL and HETZER (1982 and literature cited herein) Cupressospermum saxonicum MAI (Pinaceae) was the mother-tree of the Saxonian amber. This plant is suggested to be identical with the hypothetical Pinus (or Pinites) succinifera which had produced the Baltic amber. *Matsucoccus* is now associated exclusively with Pinus, and Cupressospermum saxonicum was almost certainly its host plant. However, reliable data on both C. saxonicum and P. succinifera are still very sparse and nothing else can be said except that *Matsucoccus* certainly lived on a pine and that this plant produced resin from which the amber originated (for further discussion see KOTEJA 1984).

4. The origin of the Saxonian amber has been placed within the Miocene age and estimated to be about 22 million years old, i.e., about 12 million years younger than the Baltic amber (BARTHEL and HETZER 1982). This makes the interpretation of *Matsucoccus saxonicus* somewhat difficult. Morphologically this species seems to be primitive and primeval, thus it should occur in the Baltic amber; however, of the 70 available specimens of this formation *M. saxonicus* has not been identified.

Table 1
Quantitative characters of *Matsucoccus* males (dimensions in μm)

species		*M. pinnatus*									*M. saxonicus*
character	Cocc	149	150	151	152	153	154	155	156	157	158
body: length		1140					1080				1200
width				495							
width										405	
depth				495			480				450
head: width									285	420	
eye: diameter				1.150			1.105		v.150	v.135	1.150
flagellum: segment	1	175	240	165	210	180	150	150			165
	2	150	195	165		180	120			150	150
	3	150	210			135	120			135	
	4	165	220				135			130	
	5	150	220				120			120	
	6	150	180				120			105	
	7	135	150				110			90	
	8	120	150				135			105	
total		1195	1565	?1275			1010	?1125		1000	
setae on 1st segment		13	14								13
wing: length		1875	1875	1800	1725	1950	1695		1770	1185	1200
width		820	885	720	720	825	654		795	660	690
haltere: length		159	165	165			150		180	?160	150
no. of hamuli			?5	5–6	4		6		?5	7	5
anterior leg:											
trochanter + femur			435				?270	270	270	360	300
tibia		480	585	490	405		375	375	480	405	470
tarsus + claw		150	180	135	135	150	120		135	150	105
middle leg:											
trochanter + femur			375			330				300	
tibia		405	510			420	?375			?300	360
tarsus + claw		135	150			150	127			150	105
posterior leg:											
trochanter + femur			375				270		280	330	
tibia		405	520	450			375		375	300	
tarsus + claw		120	150	150			135		135	140	
ratios 1:											
width: length of wing		2.3	2.1	2.5	2.4	2.4	2.6		2.2	1.8	1.7
antenna: wing		1.6	1.2	1.4			1.8			1.2	
tibia$_3$: tibia$_1$		1.2	1.1	1.1			1.0		1.3	1.3	
tibia$_1$: antenna		2.5	2.7	2.6			2.7		3.0	2.5	
tibia$_1$: wing		3.9	3.2	3.6	4.2		4.5		3.7	2.9	3.2
wax filaments:		–	+	+	+	?	+	–	+	+	+
sperm bundles:		+	+	–	–	?	+	+	–	+	+
stellate hairs		–	+	–	–	–	–	–	–	–	–

5. Attention should be given to the evidence that out of 10 amber pieces only one contained stellate hairs, while in the Baltic amber about 1/3 of the pieces contained hairs. In addition, the specimen which was enclosed with stellate hairs was somewhat different from the remainder. On the other hand, the only inclusion of higher plants found in the Saxonian amber up to now has been a flower of Quercus, which indicates that oak-trees were common in the amber forest.

6. Of scale insects only *Matsucoccus* males have been found in the Saxonian amber. This evidence supports the opinion that *Matsucoccus* was associated with the mother-plant of the amber, and that it will be automatically more abundant than other coccids. On the other hand, *Matsucoccus* males, being easily recognizable because of the characteristic pinnate wing sculpture, do not defy the preliminary amber selection. The wingless females, larvae and other coccids are much less attractive and supposedly are not recognized as scale insects.

Acknowledgements

I am very grateful to the Authorities of the Paläontologisches Museum (HUMBOLDT Universität, Berlin) and particularly to Dr. E. PIETRZENIUK for making material available for this study and for kind assistance.

Reference

BARTHEL, M. and H. HETZER, (1982): Bernstein-Inklusen aus dem Miozän des Bitterfelder Raumes. – Z. angew. Geol., Berlin, **28**: 314–336.

KOTEJA, J. (1984): The Baltic amber Matsucoccidae (Homoptera, Coccinea). Ann. Zool., Warszawa, **37**: 437–496.

Author's address:

Doc. Dr. hab. JAN KOTEJA
Institute of Applied Zoology
Academy of Agriculture
al. Mickiewicza 24
30-059 Kraków, Poland

Buchbesprechung

Springer Series in Experimental Entomology Editor: MILLER, T. A. **Neurochemical Techniques in Insect Research** Editors: BREER, H.; MILLER, T. A. 1985. 67 Abb., 310 S., Preis 169,— ISBN 3-540-13813-7 SPRINGER-Verlag Berlin—Heidelberg—New York—Tokyo.

Endlich ist es da, ein Buch, das zusammenfassend die neuesten Methoden der neurochemischen Forschung im weitesten Sinne bei Insekten vorstellt. Den Herausgebern und weiteren 23 Autoren ist es gelungen, dieses relativ junge und thematisch umfangreiche Forschungsgebiet in 12 Kapiteln abzuhandeln und damit zahlreiche wertvolle Informationen für einige Untersuchungen zu geben.

Schwerpunktmäßig beziehen sie sich dabei auf die Neurotransmitter und Neurohormone, deren Stoffwechselmechanismen einschließlich der synaptischen Transmission, sowie Energieproduktion und Neurotransmittersynthese, deren Abbau, die Abgabe von den Neuronen, die Wirkung an den Rezeptoren und deren Aufnahme von den Zellen. Der Leser erfährt weiterhin etwas über neueste Techniken für in vitro Kulturen und Nervenzellen und Geweben von Insekten. Außerdem werden Möglichkeiten toxikologischer Tests und der Insektenpharmakologie beschrieben.

Die einzelnen Kapitel gewinnen durch eindrucksvolle und leicht verständliche graphische Darstellungen sowohl zum Versuchsaufbau als auch zu den Ergebnissen, durch Tabellen und die umfangreichen Literaturverzeichnisse an Informationswert. Aus dieser breiten Palette der Methoden zur neurochemischen Forschung, die unter bestimmten Bedingungen für andere Tiergruppen modifizierbar sind, ergibt sich von selbst, daß dieses Buch einen weiten Interessentenkreis verdient. Zur Zeit ist die Zahl der Entomoneurochemiker noch relativ klein, weil viele Kollegen vor derartigen Untersuchungen zurückschrecken. Dieses Werk wird aber mit Sicherheit dazu beitragen, das Interesse an diesen Arbeiten zu wecken und die Faszination an der Insektenneurochemie zu entdecken. Nicht nur für Neurochemiker, Neurobiologen und Entomologen dürfte dieses Buch eine unentbehrliche Bereicherung darstellen sondern auch für Pflanzenschützer und Pharmakologen.

F. KOCH

Dtsch. ent. Z., N. F. 33 (1986) 1—2, 65—70

Drei neue Köcherfliegen aus Mittelasien

(Trichoptera)

Von

WOLFRAM MEY

Mit 19 Abbildungen im Text

Abstract

Three new caddisfly-species are described and figured. Their taxonomic position is shortly discussed. *Hydronema rudolfi* n. sp. (Hydropsychidae), *Apataniana propria* n. sp. (Limnephilidae) and *Dinarthrum posdnjakovi* n. sp. (Lepidostomatidae) have been collected by R. JUNG in the Hissar-, Fan- and Tienshan-Mountains, respectively.

Zusammenfassung

Es werden drei neue Trichoptera-Arten beschrieben und in ihren Differentialmerkmalen abgebildet. *Hydronema rudolfi* n. sp. (Hydropsychidae), *Apataniana propria* n. sp. (Limnephilidae) und *Dinarthrum posdnjakovi* n. sp. (Lepidostomatidae) wurden im Hissar-Gebirge, im Fan und im westlichen Tienshan resp. gesammelt.

Bei der Untersuchung des Trichoptera-Materials, das von R. JUNG und A. MÜLLER 1979 in Mittelasien gesammelt wurde, konnten 4 *Dinarthrthrum*-Arten registriert werden. Davon wurde eine Art als *D. modestum* MARTYNOV gedeutet (MEY 1981). Auf Grund der Überprüfung eines Typusexemplars von *D. modestum* MARTYNOV und der Abbildung seines Genitalapparates durch MALICKY (1983) zeigt sich nun, daß die Zugehörigkeit des untersuchten Exemplars zu *D. modestum* MARTYNOV eine Fehldeutung ist. Die bei MEY (1981) angegebene mangelnde Übereinstimmung des Geäders mit der Originalbeschreibung kann als Artunterschied gewertet werden. Weitere Einzelheiten in der Struktur des Genitalapparates weichen ebenfalls von den Abbildungen bei MALICKY (1983) ab. Die Art muß deshalb als neu beschrieben werden.

Im Verlaufe einer 2. Exkursion von R. JUNG durch das Fan und Hissar-Gebirge 1984 konnten erneut zahlreiche Köcherfliegen gesammelt werden. Darunter befanden sich auch zwei bisher unbekannte Arten, deren Beschreibung hier vorgelegt wird. Alle Typen befinden sich in der coll. MEY.

Für die freundliche Vermittlung der Ausleihe eines Paratypus von *Apataniana elongata* MCLACHLAN aus dem BMNH bin ich Prof. Dr. H. J. HANNEMANN und Dr. P. C. BARNARD zu Dank verpflichtet. Weiterhin gilt mein Dank Dr. F. SCHMID und Dr. H. MALICKY, die wertvolle Informationen übermittelten.

Hydronema rudolfi n. sp.

Körper dunkelbraun, ebenso die Antennen und Taster. Die Antennen sind an den Artikulationen heller. Ihre ersten 5 Glieder mit schwarzem Schrägstrich. Die Fühlerlänge beträgt 9 mm, die Vorderflügellänge 10 mm. Der Vorderflügel ist am Apex etwas ausgezogen und an der Außenseite leicht konkav. Gabel 1, 3 und 5 sind gestielt. Die D-Zelle ist sehr kurz und von dreieckiger Form. Cu 2 und A 1 münden deutlich getrennt in den Flügelhinterrand. Spornzahl 0.3.4. Der basale Innensporn der Hintertibia ist stark verkürzt und abgerundet (Abb. 6). (Es läßt sich nicht entscheiden, ob dieses Merkmal eine individuelle Abnormität darstellt oder ein konstantes Artmerkmal ist).

Genitalapparat ♂ (Abb. 1–5): Der Genitalapparat ist sehr ähnlich dem von *H. persica* Martynov. Der obere Teil des 9. Segments ist langgestreckt und von dorsal gesehen tief spitzwinklig eingeschnitten. Das daran anschließende 10. Segment verläuft als schmales Band am Außenrand und endet am Apex mit 2 median gebogenen Anhängen. Von dorsal gesehen erscheint das 10. Segment breiter und am Lateralrand gleichmäßig abgerundet. Der mittlere Teil des 9. Segments (processus IX) ist wie bei *Hydropsyche* verbreitert. Er ist aber nicht dreieckig sondern am Ende stumpf. Die unteren Anhänge sind schmaler und graziler geformt als bei *H. persica.* Das 1. Glied ist sehr lang und reicht über das 10. Segment hinaus. Es ist distal nur wenig verdickt. Das 2. Glied ist ca. 7mal kleiner als das 1. Glied. Von ventral gesehen ist es leicht nach median gebogen und am Apex deutlich abgeschnitten. Der Aedeagus ist relativ kurz und voluminös. Seine Krümmung beginnt am Ende des breiten, basalen Drittels. Sie verläuft nicht abrupt sondern allmählich. Das Mittelteil des Aedeagus ist etwas schmaler als die Basis. Sein Dorsalrand

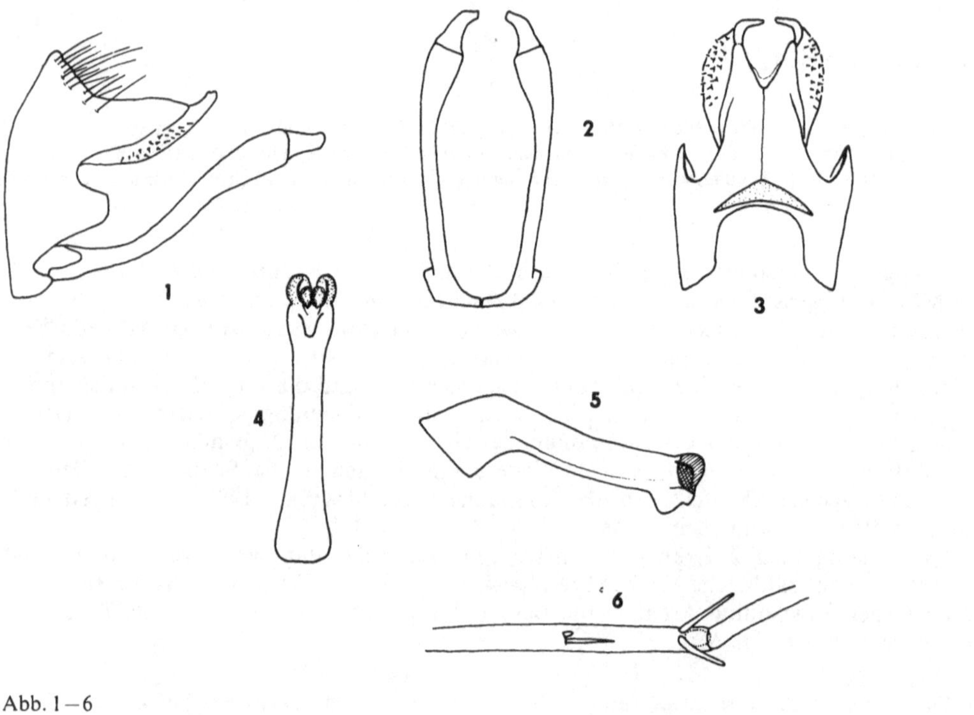

Abb. 1–6

Hydronema rudolfi n. sp. ♂, 1 – Genitalapparat, lateral, 2 – untere Anhänge, ventral, 3 – Genitalapparat dorsal, 4 – Aedeagus ventral, 5 – Aedeagus lateral, 6 – Innenseite der Hintertibia.

ist von lateral gesehen leicht nach unten durchgebogen. Der Apex ist sehr charakteristisch. Er ist ventral gekielt und auch dorsal bulbös hervortretend. Weitere Einzelheiten siehe Abb. 4 und 5.
♀ unbekannt.

Material: Holotypus ♂, Hissar-Gebirge, Arg-Fluß, 22. 7. 84, leg. R. JUNG.

Derivatio nominis: Die Art ist meinem Freund, dem Biochemiker Dr. RUDOLF JUNG gewidmet, der durch sein Interesse und außergewöhnliches Engagement zur Erforschung der Köcherfliegen Mittelasiens beigetragen hat.

Die Gattung *Hydronema* MARTYNOV war bisher ein monotypisches Taxon, dessen einziger Vertreter, *H. persica* MARTYNOV, aus dem Iran beschrieben wurde. SCHMID hat die Art im Iran selbst nicht gefunden (vgl. SCHMID 1959). Die in Afghanistan und Pakistan gesammelten Tiere stellte er auf Grund der Übereinstimmung mit den MARTYNOV'schen Orginalabbildungen zu *H. persica*. Eine neue und moderne Zeichnung des Genitalapparates von *H. persica*, die auf der Untersuchung eines Syntypus basierte, veröffentlichte MALICKY (1983). Ein Vergleich zwischen seinen Abbildungen und dem im Hissar-Gebirge gefundenen Tier liefert jedoch einige deutliche Unterschiede, die nicht als conspezifisch gewertet werden können. Das Exemplar aus dem Hissar-Gebirge wird deshalb als *H. rudolfi* n. sp. beschrieben. Nach Überprüfung des *Hydronema*-Materials, das in Afghanistan und Pakistan gesammelt wurde und sich in coll. SCHMID befindet, erwiesen sich alle Tiere ebenfalls als *H. rudolfi* n. sp. Die Art besitzt offensichtlich ein ausgedehntes Areal in den mittelasiatischen Gebirgen. Sie ist die Schwesterart von *H. persica*. Beide können als vikariierendes Artenpaar in der zentralen Südpaläarktis angesehen werden.

Apataniana propria n. sp.

Taster, Antennen und Beine hellbraun; Körper braun; Meso- und Metanotum dunkelbraun. Die Vorderflügellänge beträgt 7 mm. Sporenzahl 1.2.2. Die Costa der Hinterflügel ist verdickt und mit einem Haarkamm versehen. Er steht in Ruhelage nicht quer zur Aderung, sondern liegt im Costalfeld in Längsrichtung. Der Haarkamm reicht distalwärts bis zum Ende der Diskoidalzelle bzw. bis zur Gabel 1. Bei *A. elongata* MC LACHLAN ist der Haarkamm länger und reicht fast bis zum Ende der Gabel 1. Nahe der Basis der Costa inserieren auf ihr 3–4 keulenförmig verdickte Haare. Genitalapparat ♂ (Abb. 7, 9, 11): Das 9. Segment ist schmal und verjüngt sich dorsal zu einer schmalen Spange. Das 10. Segment ist in 3 Teile gegliedert: Die äußeren Anhänge sind relativ groß und stark sklerotisiert. Ihr Dorsalrand ist von lateral gesehen sinusförmig geschwungen. Der innere Anhang ist unpaar. Er hat von dorsal gesehen die Form einer Speerspitze. Von lateral gesehen ist sein Oberrand gleichmäßig gekrümmt. Der Apex des inneren Anhangs ist abgerundet und reicht distal nicht bis zum Ende der unteren Anhänge des 10. Segments. Diese sind voluminös und wenig sklerotisiert. Ihr Ventralrand ist konvex und distal nach oben gebogen. Dadurch ist der Apex der unteren Anhänge des 10. Segments stumpfwinklig. Am 9. Segment inserieren die langgestreckten, zweigliedrigen unteren Anhänge. Das erste Glied ist etwas kürzer als der Harpago. Es ist stark behaart und trägt distal nur wenig lange Borsten. Der Harpago hat eine charakteristische Form. Er ist von dorsal gesehen viel schmaler als das 1. Glied und läuft am Apex dorsal und ventral in eine Spitze aus. Die ventrale ist nach median gebogen. Kurz vor dem Apex entspringen auf der Dorsalseite 2 weitere Dornen. Sie stehen viel enger zusammen als bei *A. elongata*. Der Aedeagus ist relativ kurz. Hinter seiner breiten Basis verjüngt er sich plötzlich und biegt nach ventral. Die Parameren sind genauso lang wie der Aedeagus. Sie sind an der Basis breiter und laufen allmählich in eine dünne Spitze aus.
♀ unbekannt.

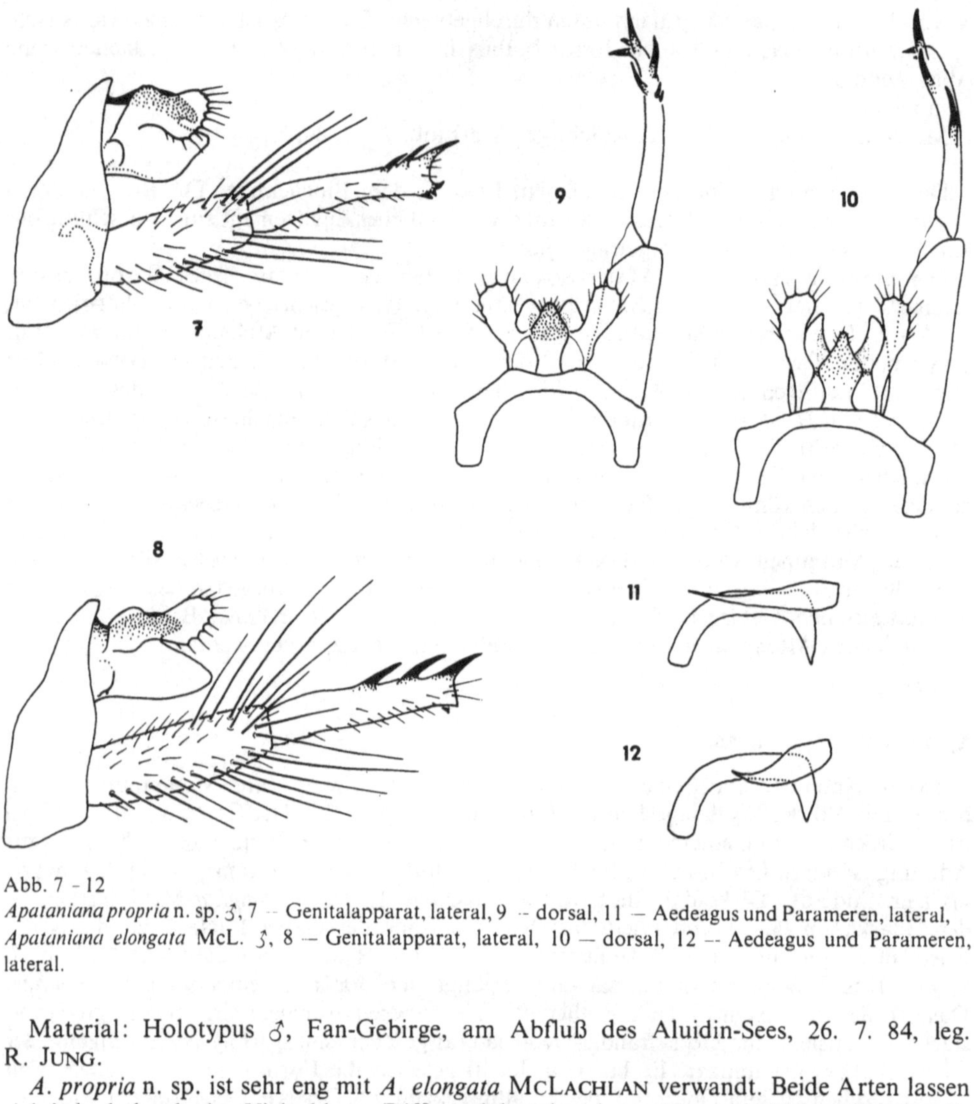

Abb. 7 - 12
Apataniana propria n. sp. ♂, 7 – Genitalapparat, lateral, 9 – dorsal, 11 – Aedeagus und Parameren, lateral, *Apataniana elongata* McL. ♂, 8 – Genitalapparat, lateral, 10 – dorsal, 12 – Aedeagus und Parameren, lateral.

Material: Holotypus ♂, Fan-Gebirge, am Abfluß des Aluidin-Sees, 26. 7. 84, leg. R. Jung.

A. propria n. sp. ist sehr eng mit *A. elongata* McLachlan verwandt. Beide Arten lassen sich jedoch durch eine Vielzahl von Differentialmerkmalen gut trennen (siehe Abb. 7–12). *A. propria* n. sp. ist kleiner als *A. elongata* und nicht dunkelbraun bzw. schwarz sondern hellbraun gefärbt.

Die Abbildung des Genitalapparates von *A. elongata* bei Schmid (1954) zeigt in Dorsalsicht einen breiten Harpago. Diese Form ist nicht real, sondern sie wird durch die Abplattung des Genitals im Dauerpräparat hervorgerufen.

Mit *A. propria* n. sp. umfaßt die Gattung *Apataniana* Mosely gegenwärtig 8 beschriebene Arten.

Dinarthrum posdnjakovi n. sp.

Kopf und Pronotum oberseits dunkelbraun; Meso- und Metanotum und Abdomen braun; Beine und Taster hellbraun; Scapus braun, Fühlergeißel heller; Maxillartaster

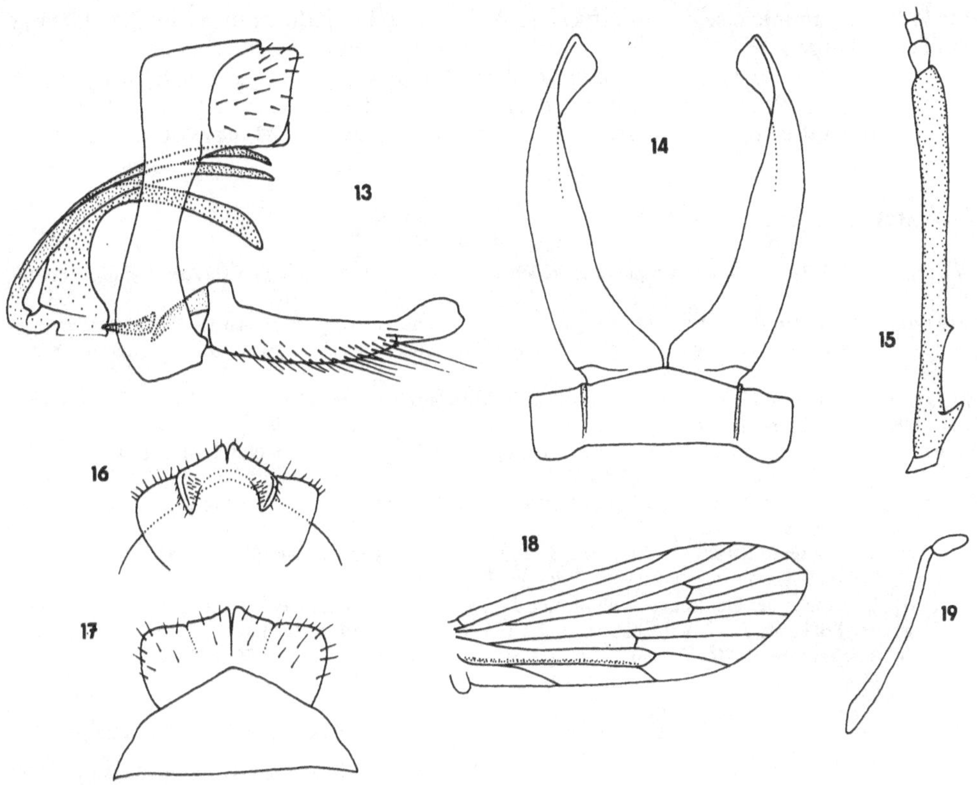

Abb. 13–19
Dinarthrum posdnjakovi n. sp. ♂, 13 – Genitalapparat, lateral, 14 – untere Anhänge, ventral, 15 – Scapus, 16 — 10. Segment und obere Anhänge, ventral, 17 — dasselbe, dorsal, 18 — Vorderflügel, 19 — Maxillartaster.

zweigliedrig, erstes Glied etwa 5 mal länger als das zweite (Abb. 19); Aderung der Vorderflügel siehe Abb. 18; Spornzahl 2.4.4.

Genitalapparat ♂ (Abb. 13—17): Das 9. Segment ist dorsal vorgezogen und nicht ganz rechtwinklig zulaufend. Auf seiner Ventralseite, die nicht ausgeschnitten ist, sind 2 erhabene und parallel verlaufende Chitinleisten zu erkennen. Das 10. Segment ist relativ kompakt und von dorsal gesehen in der Mitte eingeschnitten. Sein Dorsalrand ist median nur wenig vorgezogen. An den Innenseiten ist das 10. Segment mit den oberen Anhängen verwachsen. Die Trennaht ist nur dorsal deutlich zu erkennen. Ventralwärts löst sich das 10. Segment von den oberen Anhängen und läuft jederseits in ein schmales Band aus, welches eine feine Behaarung trägt. Die unteren Anhänge sind relativ kurz und von typischer Form. Beide Glieder sind fast verschmolzen. Nur in Ventralansicht ist eine Andeutung einer Trennaht zu erkennen. An der Basis sind die unteren Anhänge abrupt verbreitert und bilden einen Sockel. Die Form des Aedeagus und der Parameren ist in Abb. 13 dargestellt.

Körperlänge: 5 mm, Scapuslänge: 2 mm, Vorderflügellänge: 6 mm.

♀ unbekannt.

Material: Holotypus ♂, Tienshan, Tschatkalski Chrebet, bei Kumyschkan, 23. 7. 79, leg. R. Jung & A. Müller.

Derivatio nominis: Die Art ist dem sowjetischen Alpinisten V. A. Posdnjakov gewidmet, der im Frühjahr 1980 tödlich verunglückte. Durch seine freundschaftliche Hilfe war 1979 die Sammelreise von R. JUNG und A. MÜLLER durch die mittelasiatischen Gebirge möglich geworden.

D. posdnjakovi n. sp. ist eine sehr ursprüngliche Art der Gattung *Dinarthrum* MCLACHLAN. Das Geäder, der Scapus, die Taster und die oberen Anhänge haben eine ancestrale Ausprägung, die auf eine engere Verwandtschaft mit *D. chaldyrense* MARTYNOV hinweist.

Literatur

MALICKY, H. (1983): Atlas der europäischen Köcherfliegen. – JUNK Publ., The Hague, Boston, London, X + 298 pp.

MARTYNOV, A. V. (1927): Contributions to the aquatic entomofauna of Turkestan II. Trichoptera Integripalpia, with a note on a new species of *Rhyacophilla*. – Ann. Mus. Zool. Acad. Sci. (Leningrad) **28**: 457 bis 497

MEY, W. (1981): Die von R. JUNG und A. MÜLLER in Mittelasien gesammelten Köcherfliegen (Trichoptera). – Dtsch. Ent. Z., N. F. **28**: 55–66.

MOSELY, M. (1936): The indian Caddisflies, IV Limnophilidae. – Journ. Bomb. Nat. Hist. Soc. **38**: 447–478.

– (1939): The indian Caddisflies, VII Sericostomatidae. – Journ. Bomb. Nat. Hist. Soc. **41**: 332–339.

SCHMID, F. (1954): Contribution à l'étude de la sousfamille des Apataniinae II (Trichoptera, Limnophilidae). – Tijdschr. Ent. **97**: 1–74.

– (1959): Trichoptères d'Iran. – Beitr. Ent. **9**: 200–219, 376–412, 683–698, 760–799.

– (1961): Trichoptères du Pakistan IV. – Tijdschr. Ent. **104**: 187–230.

– (1961): Ergebnisse der Deutschen Afghanistan-Expedition 1956 der Landessammlungen für Naturkunde Karlsruhe, Trichoptera. – Beitr. naturk. Forsch. SW-Deutschl. **19**: 333–336.

– (1963): Trichoptères d'Afghanistan. – Ann. Hist. Nat. Mus. Hung., Zool. **55**: 435–445.

Anschrift des Verfassers

Dr. WOLFRAM MEY
DDR-1500 Potsdam
Franz-Brüning-Straße 25

Dtsch. ent. Z., N. F. 33 (1986) 1—2, 71—73

Preliminary observations on the entomofauna of the water yam Dioscorea alata L. during storage

(Insecta)

By

E. U. Iheagwam

Abstract

The water yam, Dioscorea alata L. is attacked in storage by a complex of insects. These include *Dasyses incrustata* Meyrick and *Setamorpha rutella* Zeller (Tineidae), the former being reported for the first time as a pest of yam; one species of Pyralidae, one of Lithocolletidae and one of Plutellidae, *Aspidiella* (*Aspidiotus*) *hartii* Ckll. (Coccidae) and *Planococcus citri* Risso (Pseudococcidae), *Araecerus fasciculatus* Degeer (Anthribidae) and *Tribolium castaneum* (Tenebrionidae) were also recorded. Hymenopteran braconid parasitoids emerged from infested tubers.

Introduction

Yams are probably one of the oldest crops cultivated in West Africa. They are grown in the West Indies and other parts of tropical South America. They constitute an important food in Puerto Rico and West Africa. The water yam, Dioscorea alata L., is one of the most important cultivated species of yam in Nigeria. Others are the white yam, D. rotunda Poir, and the yellow yam, D. cayenensis Lam.

Nigeria produces about 78% of the total world production of yam (Onwueme, 1978), but its storage is one of the most important problems. About 40% of yam tubers stored in the conventional way are lost yearly (Waitt, 1961). The conventional storage system consists of wooden stakes with cross bars. The tubers are tied in the horizontal position being freely exposed to air circulation but generally shaded from the sun (see Mozie, 1984). Coursey (1961) regards storage rots due to microbial activity as one of of the major causes of yam losses. Storage loss due to post-harvest physiological activities has been reported (Iita, 1972). Losses due to insect pests have not received as much attention as those due to microbes, and more work has been done on field insect pests of yam (eg. Taylor, 1964; Visalakshi & Nair, 1979) than on storage pests. This paper therefore reports on the insect complex of water yam in storage and on aspects of their damage.

Materials and Methods

More than 100 tubers of D. alata, harvested in the months of November/December, were obtained in the 1982/83 and 1983/84 yam storage periods from barns of the National Root Crops Research Institute, Umuahia and farmers at Nsukka. The tubers were kept in the laboratory in nylon net — walled cages (45 × 45 × 45 cm) and insects that emerged from them were assumed to have attacked them while in storage in the barn. The tubers were kept for five months during which all insects associated with the yams were collected and unfamiliar ones sent to the British Museum (Natural History) for determination. The nature of damage done by the insects was observed and described.

Results and discussion

Lepidoptera

Five different species of moth belonging to four families viz. Tineidae, Pyralidae, Lithocolletidae and Plutellidae attacked D. alata in storage. The tineids were *Dasyses incrustata* MEYRICK and *Setomorpha rutella* ZELLER.

The latter species is a widespread pest of dry plant materials, including tobacco, but there are no previous host records for the former (Dr. G. S. ROBINSON, personal communication to Dr. J. WOJTUSIAK). Infested tubers were characterized by small openings on their surface through which were emitted chains of larval faecal matter (frass). There were also larger openings through which the advanced last larval instar emerged to pupate outside the tuber. The pupal cases of the emerged lepidoptera were found aggregated on the tuber, thus suggesting that the mature larvae aggregated at the time of pupation. The interior of any seriously infested tuber was completely hollowed out leaving only the peel which was littered with frass and exuviae. Indeed, the damage of tubers by these lepidopteran pests is far more serious than done by any other insect pest of stored yams.

Coleoptera

Araecerus fasciculatus was the only primary coleopteran pest. The numbers encountered were generally low (3.3 per tuber) and they died out early in the yam storage period. *Tribolium castaneum*, on the other hand, seemed to be a secondary pest. Its density increased with storage and it subsequently reduced the pulp of the tuber to ordinary powder. *T. castaneum* is known to attack commercial yam flour in storage.

Homoptera

Coccids or as they are usually termed mealybugs and scales were the major homopteran pests of D. alata during storage. The three species of yam tuber scales and mealybugs reported from yam growing West African countries are *Aspidiella (Aspidiotus) hartii*, *A. destructor*, and *Planococcus citri* (COURSEY, 1967) of which *A. hartii* is the most serious. Tubers attacked by scales have spotted white appearance, the white spots being the crusts of the scales. Such tubers usually have low markes values.

The mealybugs were concentrated more on the head region of the tuber than on any other part: Seriously infested tubers failed to sprout and those that had sprouted before infestation died, perhaps due to excessive withdrawal of sap by the insects. Tubers infested by .mealybugs shrivel up more rapidly than uninfested healthy ones (ONWUEME, 1978).

The honey dew excreted by the insects caused 'sooty moulds' to appear on the tubers, thus marking them black.

Dispersal of the mealybugs is by the crawling about of the first instar nymphus and also of the adults when they are overcrowded. Spread over long distances is brought about by wind and transportation of infested materials.

Hairy and contorted tubers harbored more insects than glabrous ones. The hairs and dents provided suitable microenvironment for the insects. The cultural habit of farmers to 'shave' hairy tubers before storage in barns or before marketing seems to help in reducing infestation levels.

Hymenoptera

Hymenopteran braconid parasitoids frequently emerged from infested tubers. A vast majority of braconids are parasitoids of Lepidoptera. The adult parasitoid possibly pierced or drilled the yam tubers with the aid of the ovipositor to get at the lepidopteran larvae in burrows. The suitability of this braconid parasitoid for manipulation as a biocontrol agent of the lepidopteran pests of yam during storage, is being investigated.

Acknowledgement

I am grateful to Dr. J. Wojtusiak for technical assistance and Dr. R. I. Egwuatu for comments on the manuscript. My thanks are also due to Senate Research Grants Committee of the University of Nigeria for financial support.

References

Coursey, D. G. (1961): The magnitude and origins of storage losses in Nigerian yams. – J. Sc. Food Agric. **12**: 574–580.
– (1967): Yams Longmans: London.
Iita (1972): Report – Root, tuber and vegetable improvement programme.
Mozie, O. (1984): Influence of ventilation and humidity during storage on weight and quality changes of white yam tubers (Dioscorea rotunda Poir). – J. Agric. Univ. Puerto Rico **68**: 341–348.
Onwueme, I. C. (1978): The tropical tuber crops. John wiley & Sons Ltd., New York.
Taylor, T. A. (1964): Studies on Nigerian yam beetles 11: Bionomics and control. – J. W. afr. Sci. Assoc. **9**: 13–31.
Visalakshi, A. & Nair, M. R. G. K. (1978): Biology of *Lema lacordairei* Baly (Coleoptera: Chrysomelidae: Criocerinae) a pest of yam Dioscorea alata in Kerala. – Entomon. **3**: 129–131.
Waitt, A. W. (1961): Review of yam research in Nigeria 1920–61. – Fed. Agr. Res. Memo. No. 31.

Author's address:

E. U. Iheagwam,
Department of Zoology,
University of Nigeria,
Nsukka,
Nigeria.

Buchbesprechungen

Experimental Behavioral Ecology and Sociobiology. In Memoriam KARL VON FRISCH 1886—1982. Edited by Prof. Dr. BERT HÖLLDOBLER, Harvard University Cambridge/Mass. and Prof. Dr. MARTIN LINDAUER, Würzburg. With contributions by numerous specialists. 1985. XIV, 488 pp., 116 fig., 27 tab., 16 × 24 cm, cloth. DM 148.— (Pref.-Price for subscribers to the whole series DM 134.—) GUSTAV FISCHER Verlag Stuttgart—New York. Fortschritte der Zoologie ISSN 0071-7991. Vol. 31/ISBN 3-437-30461-5

Dieses Buch beinhaltet Vorträge führender Soziobiologen, die sich anläßlich einer Tagung zum Gedenken an den Nobelpreisträger KARL RITTER von FRISCH vom 17.—19. Oktober 1983 in Mainz trafen. Dem wissenschaftlichen Wirken K. von FRISCHS, der vor allem sinnesphysiologische, experimentelle verhaltensbiologische und soziobiologische Studien an Apis mellifica L. vorantrieb gerechtwerdend, befassen sich die behandelten Themen ebenfalls vorrangig mit derartigen Untersuchungen an sozialen Insekten.

Die Beiträge verteilen sich auf 5 Schwerpunktkapitel und fügen sich teilweise nahtlos an die fundamentalen Vorarbeiten VON FRISCH an und geben Antworten auf von ihm bereits angedeutete Fragen. So werden beispielsweise im Kapitel „Orientierung, Lernen (Dressur) und Nahrungssuche" neue Erkenntnisse der Kompaßorientierung bei der Honigbiene und Fragen zum Beuteerwerb und zum Polymorphismus bei Ameisen erörtert. Mit Ergebnissen zum Informationstransfer im Bienenstock befaßt sich das Kapitel „Analyse der Kommunikationssignale", in die auch Resultate aus der bioakustischen Forschung an Vögeln und Primaten einfließen. Ein weiteres Schwerpunktthema umfaßt Arbeiten zur Kommunikation und Fortpflanzung der Honigbiene, den Ameisen und den Feldwespen (*Polistes*). Ein evolutionstheoretischer Beitrag zum Balzverhalten im weitesten Sinne, in dem zwischen Insekten und Wirbeltieren Gegensätze herausgearbeitet werden, beschließt diesen Themenkomplex. Solitäre und soziale Lebensweise, Kastenbildung und Polygynie bei Insekten sowie soziale Verhaltensweisen bei Vögeln und Primaten beinhaltet das Kapitel „Sozialorganisation". Unter der Rubrik „Physiologie und Sozietät" findet man neuste Forschungsergebnisse zum Phänomen der Temperaturregulation des „Superorganismus" Bienenvolk sowie zum Verhalten der Ammenbienen bei der Fütterung und dem Einfluß der Nahrungszusammensetzung auf die Ontogenese und Kastendifferenzierung.

Die meisten Beiträge sind mit aussagekräftigen graphischen Darstellungen illustriert, und jeder Arbeit hängt eine umfangreiche Liste weiterführender Literatur an. Trotz der sehr guten inhaltlichen Gestaltung ergibt sich die Frage, ob man nicht auf die wirbeltierkundlichen Beiträge zugunsten der Veröffentlichung weiterer neuster Erkenntnisse zum Verhalten der sozialen Insekten hätte verzichten sollen.

F. KOCH

Biona Report 3. Bird flight — Vogelflug. Herausgegeben von Prof. Dr. WERNER NACHTIGALL, Universität des Saarlandes Saarbrücken, unter Mitarbeit zahlreicher Fachautoren 1985. XVIII, 509 S., 8 Tafeln, zahlreiche Abb. und Tab., 17 × 24 cm, kart. DM 48.— GUSTAV FISCHER Verlag Stuttgart New York. ISBN 3-437-20330-4

Die BIONA reports sind Symposiumsberichte. Das BIONA-Symposium „Vogelflug" fand am Zoologischen Institut der Universität des Saarlandes in Saarbrücken statt. Vorausgegangen war ein Symposium „Insektenflug" (2 Bände BIONA reports), weitere Symposien zur Bewegungsphysiologie sollen folgen. Bewegungsphysiologie schließt funktionelle Morphologie, Neurophysiologie, Biomechanik, Energetik und andere Teildisziplinen ein, die sich um die Aufhellung recht komplizierter Zusammenhänge bemühen und deren Erkenntnisse immer wieder interdisziplinär zur Synthese geführt werden müssen, um die Analyse auf höherer Stufe fortführen zu können.

Auf dem Symposium „Vogelflug" wurden 13 Vorträge zu Aspekten der Aerodynamik, 12 zu Aspekten der Atmung und Energetik und 3 zu Aspekten der Neurophysiologie und Kybernetik gehalten.

Der reich illustrierte Band bietet einen ausgezeichneten Überblick über die Thematik und den erreichten Stand der Forschung der vertretenen Einrichtungen. Die Teilnehmer des Symposiums sind im Bild festgehalten.

Besonders im ersten Komplex wird das Ringen um geeignete Methoden, um die experimentelle und theoretische Beherrschung der Erscheinungen sichtbar. Hier liegt wohl auch vor allem das Übergreifende, was die Untersuchungen des Vogelfluges für denjenigen interessant macht, der sich mit dem Flug von Fledermäusen oder Insekten beschäftigt.

B. B. STEPHAN, Berlin.

Dtsch. ent. Z., N. F. 33 (1986) 1—2, 75—82

Erstfunde von Dorypteryx domestica (SMITHERS, 1958) in beiden deutschen Staaten

(Psocoptera, Psyllipsocidae)

Von

KURT K. GÜNTHER und KLAUS HONOMICHL

Mit 1 Tafel und 7 Abbildungen im Text

Abstract

Dorypteryx domestica SMITHERS has been discovered at the first time on the territories of the Federal Republic of Germany and the German Democratic Republic. A description of this species, illustrations, and contributions to the biology and distribution are given.

Die domicole Staublausart *Dorypteryx domestica* wurde von SMITHERS 1958 als *Dolopteryx domestica* aus Süd-Rhodesien beschrieben, wo sie an mehreren Fundstellen in menschlichen Wohnstätten angetroffen wurde. Nach der überraschenden Entdeckung 1973 in Europa (Zernez, Schweiz) konnte sie im Laufe der letzten 10 Jahre in mehreren europäischen Ländern nachgewiesen werden: Schweiz (Zürich, Genf), Belgien (Brüssel, Evere), Luxemburg (Luxembourg, Echternach, Strassen), England (Bucks, Essex), Polen (Łódź), Jugoslawien (Osijek, Kopaćki Rit). In den Jahren 1982 und 1984 wurde diese interessante Art nun auch in den beiden deutschen Staaten aufgefunden: Mainz (Bundesrepublik Deutschland) leg. KL. HONOMICHL, Seelingstädt bei Gera sowie Kleinmachnow bei Berlin (Deutsche Demokratische Republik) leg. W. MEY. Damit scheint sich die Vermutung von CH. LIENHARD (1977) immer sicherer zu bestätigen, daß *Dorypteryx domestica* (SMITHERS) eine weit verbreitete domicole Art sei. Anscheinend hat man sie wegen ihrer Zartheit und größtenteils bleichen Körperfarbe bisher übersehen, oder sie wurde erst in den letzten Jahrzehnten bei uns eingeschleppt.

Allerdings war die Gattung *Dorypteryx* bereits lange vor der Entdeckung von *D. domestica* (SMITHERS) aus der europäischen Fauna durch *Dorypteryx pallida* AARON, 1883 bekannt: Bundesrepublik Deutschland, Deutsche Demokratische Republik, Tschechoslowakei, Schweiz, Italien, Frankreich, Belgien (GÜNTHER, 1974).

Die beiden in der europäischen Fauna vertretenen *Dorypteryx*-Arten lassen sich aufgrund folgender Merkmale sicher unterscheiden:

– Abdomen bleich weißlich ohne Zeichnung. Vorderflügel nur mit einer kräftigen gegabelten Längsader (Abb. 2 B), etwa 0,7 mm lang, deutlich viel kürzer als das Abdomen; sie reichen etwa bis zur Abdomenmitte. Lacinia am Ende mit 4 kurzen, etwa gleichweit vorragenden Spitzen (Abb. 3 B). Körperlänge ungefähr 1,25 mm. *Dorypteryx pallida* AARON

– Abdomen dorsal charakteristisch dunkel gezeichnet (Abb. 1). Vorderflügel mit reicherer, verzweigter Aderung, die gewöhnlich eine große Radiobasalzelle einschließt (Abb. 2 A), etwa 1,1 mm lang; sie reichen beim Männchen etwa bis zum Ende des Hinterleibs und beim Weibchen bis zum Ende des 2. Drittels. Die Spitzen am Ende der Lacinia ragen ungleich weit vor (Abb. 3 A). Körperlänge 1,5 – 1,8 mm. *Dorypteryx domestica* (SMITHERS)

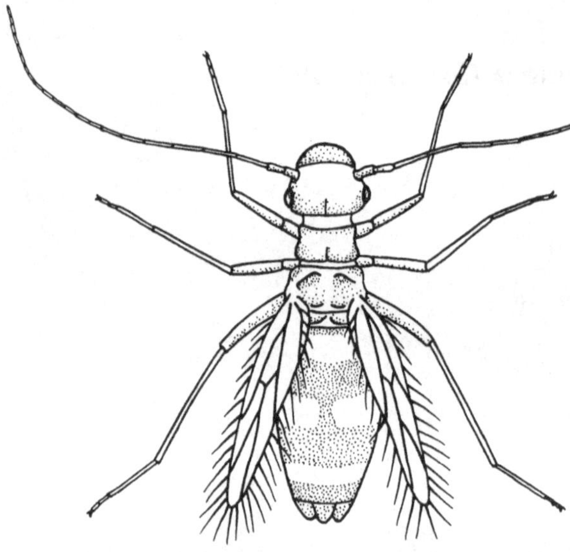

Abb. 1
Dorypteryx domestica (SMITHERS), ♂. Körperbehaarung wurde weggelassen. Nach LIENHARD 1982.

Beschreibung von Dorypteryx domestica (SMITHERS)

Wie bei *Dorypteryx pallida* AARON handelt es sich bei dieser Art um kleine, zarte, langbeinige Staubläuse mit einer bleichen, gelblichweißen Grundfärbung, die besonders an Kopf und Thorax einschließlich der Flügel einen graubräunlichen Hauch cuticularer Pigmentierung erkennen läßt. Im Gegensatz zu *D. pallida* weist diese Art aber eine auffällige, charakteristische Zeichnung des Hinterleibs auf, und zwar in Form von 2 rötlichbraunen breiten Querbinden auf der Dorsalseite, die median schmal miteinander verbunden sind. Diese Färbung wird durch Epidermis-Pigmente verursacht. Darüber hinaus ist das Basalsegment dorsal rötlichbraun, und die Terminalsegmente haben eine ockerbraune Tönung durch Cuticula-Pigmente.

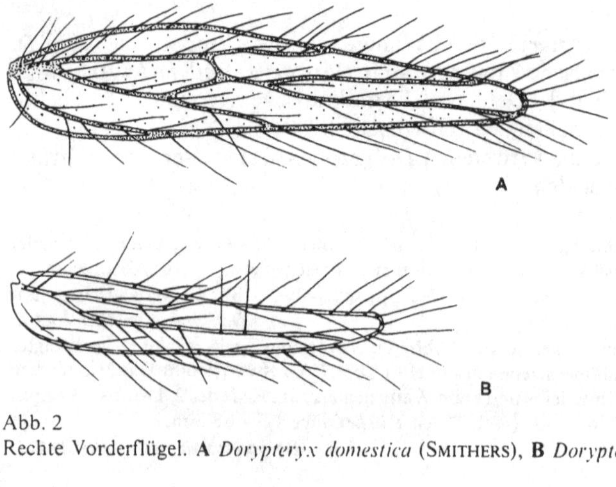

Abb. 2
Rechte Vorderflügel. **A** *Dorypteryx domestica* (SMITHERS), **B** *Dorypteryx pallida* AARON.

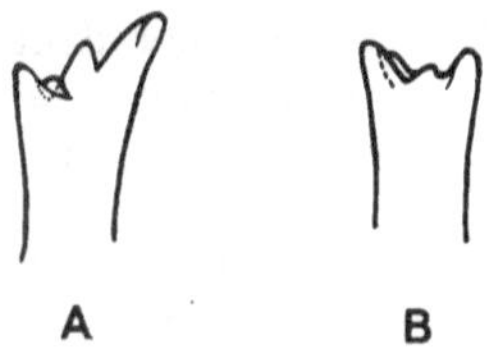

Abb. 3
Lacinia-Spitze. **A** *Dorypteryx domestica* (SMITHERS), **B** *Dorypteryx pallida* AARON.

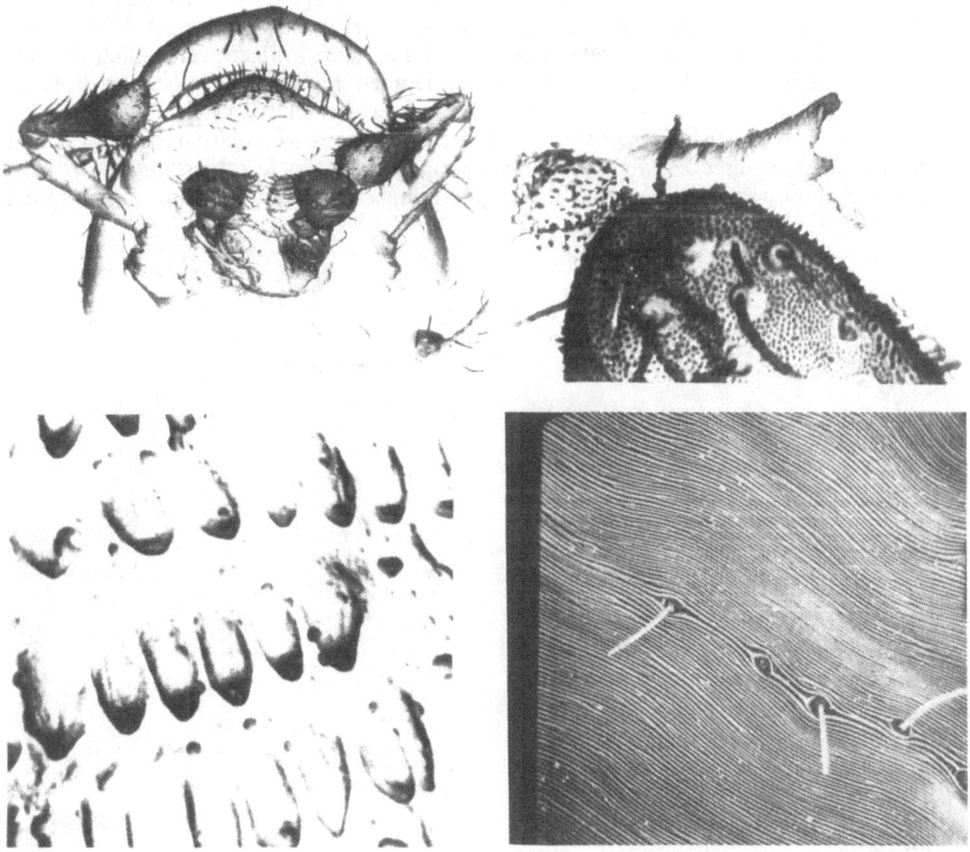

Taf. I
Dorypteryx domestica SMITHERS (REM-Aufnahmen von KL. HONOMICHL)
Fig. 1
Kopf, Ventralansicht. Vergr. 140fach.
Fig. 2
Lacinia-Spitze und Endglied des Labialpalpus. Vergr. 1000fach.
Fig. 3
Ausschnitt der Sensillenringe auf den Fühlergeißelgliedern. Vergr. 5500fach.
Fig. 4
Cuticula-Mikroskulptur auf den mittleren Abdominaltergiten. Vergr. 650fach.

Am Prothorax tritt die graubraune Cuticula-Färbung etwas stärker hervor, außerdem zeigen die Mittelbrust vorn und die Hinterbrust caudal schwach rötlichbraune epidermale Pigmentierung. Flügel mit einem bräunlichen Schein und graubraunen Adern. Tibia der weißlichen Beine leicht graubräunlich.

Der Kopf weist im wesentlichen die Körpergrundfärbung auf, ist allerdings stellenweise (z. B. Wangen) durch rötlichbraune Epidermis-Pigmente leicht getönt und durch die Cuticula am Labrum und Postclypeus etwas stärker graubraun gefärbt. Pedicellus und Antennengeißel graubraun. Augen deutlich rotbraun.

Die Körpergestalt dieser dünnbeinigen zerbrechlichen Tiere zeigt die Abb. 1. Körperlänge der Männchen: 1,55—1,62 mm, der Weibchen: 1,7—1,8 mm. Der orthognathe Kopf ist deutlich höher als breit und locker mit langen Borsten besetzt, die auf dem vorgewölbten Postclypeus und dem Labrum deutlich dichter stehen aber dünner und kürzer sind. Die Augen bestehen aus etwa 20 Ommatidien. Ocellen fehlen. Scheitelnaht deutlich, Frontalnaht nur schwach ausgeprägt. Antennen länger als der Körper (etwa 1,86 mm); Gliederzahl 22—35. Die Geißelglieder tragen zahlreiche Ringel aus haarförmigen, vermutlich chemosensorischen Sensillen und einige lange, wahrscheinlich mechanorezeptorische Borsten (Taf. I, Fig. 3). Die Länge der basalen Geißelglieder ist relativ groß: f_1 0,18—0,24; f_2 0,14—0,18; f_3 0,14—0,19; f_4 0,13—0,18 mm. Endglied des Maxillarpalpus etwa 5 mal so lang wie breit, mehr oder weniger keulenförmig, an der Spitze schräg abgestutzt, mit 4 auffälligen dünnwandigen Sensillen neben der üblichen Behaarung versehen. Endglied

Abb. 4
Dorypteryx domestica (SMITHERS), ♀, Tibia und Tarsus des Hinterbeins.

des Labialpalpus stark verbreitert, mit dichtstehenden Mikroskulpturen und charakteristischen Sensillen bedeckt (Taf. I, Fig. 1). Lacinia endet distal schräg mit drei größeren und einem kleineren Zähnchen (Abb. 3A; Taf. I, Fig. 2).

Thorax lang beborstet. Vorderbrust kurz und hoch. Vorderflügel schmal, 5mal so lang wie breit, distal zugespitzt; ihre Länge beträgt beim Männchen 1,0—1,15, beim Weibchen 1,0—1,10 mm; sie erreichen aber die Hinterleibsspitze nur beim Männchen fast, beim Weibchen überlagern sie nur ungefähr 2/3 des Hinterleibs; Flügeladerung reduziert, aber in der Regel eine geschlossene Basiradialzelle vorhanden (Abb. 2A); Flügelrand mit schuppenförmiger Oberflächenskulptur; Flügeladern und -rand lang beborstet. Hinterflügel rudimentär, lappenförmig, ohne Behaarung, aber mit schwachen Andeutungen von 2 Aderresten. Beine lang und dünn. Schiene der Hinterbeine außen mit langen Haaren, auf der Innenseite mit einigen (2—5) Sporen (Abb. 4). Tarsen 3gliedrig; Metatarsus viel länger als die beiden anderen Glieder zusammen (t_1 0,35—0,38; t_2 0,045—0,055; t_3 0,055—0,07). Erstes Hintertarsenglied trägt einige stärkere Sohlendornen und 3 Endsporne auf der Unterseite. Krallen langgestreckt, mit einem Praeapikalzahn und einer Sohlenbürste aus feinen Mikrotrichien (ohne Basalborsten sowie Pulvillen).

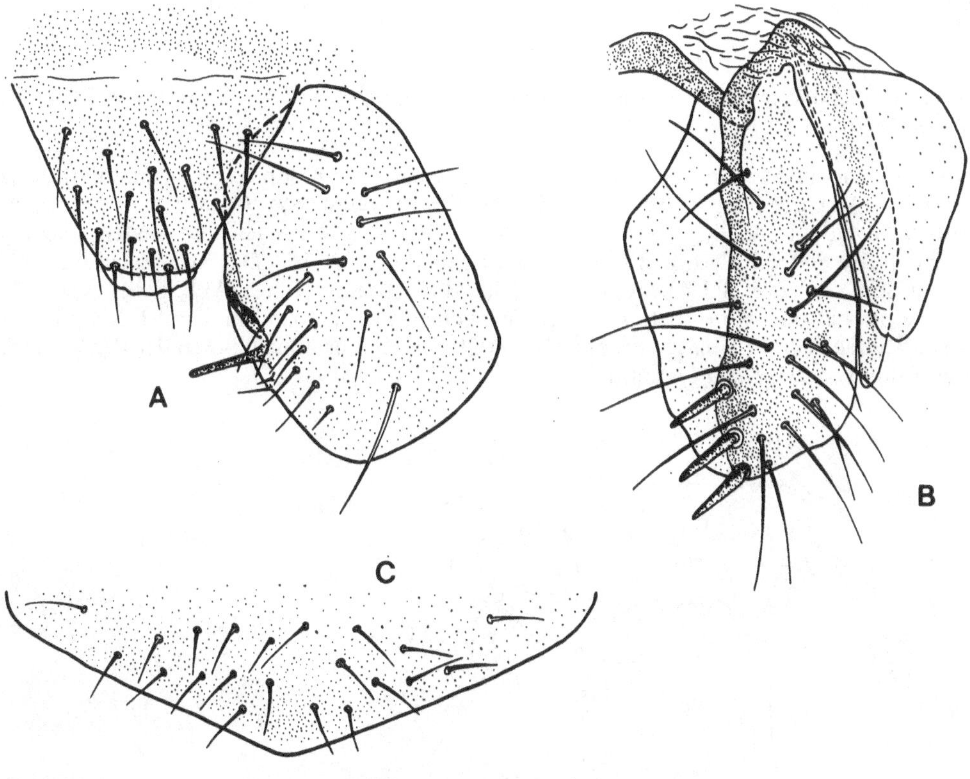

Abb. 5
Dorypteryx domestica (SMITHERS), ♀. Terminalia. **A** Epiproct und rechtes Paraproct, **B** Gonapophyse, Ventralansicht, **C** Subgenitalplatte.

Hinterleib etwas aufgetrieben eiförmig. Tergite mit querverlaufender Mikroskulptur (Taf. I, Fig. 4). Terminalia sehr ähnlich wie bei *D. pallida* gestaltet.

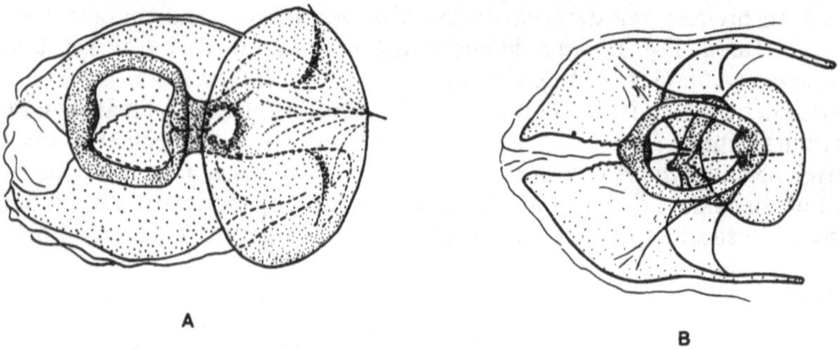

Abb. 6
Sklerotisierung des Receptaculum seminis, Aufsicht. **A** *Dorypteryx domestica* (SMITHERS), **B** *Dorypteryx pallida* AARON.

♀: Epiproct und Paraprocte einfach, letztere mit langem Analdorn. Subgenitalplatte sehr stumpfwinklig dreieckig (Abb. 5C). Gonapophysen kaum von *D. pallida* verschieden. Außenvalven mit drei (selten 4) kräftigen Dornborsten versehen; die beiden anderen Valvenpaare sind reduziert, sehr vereinfacht ausgebildet (Abb. 5 B). Das Receptaculum seminis ist durch spezielle Sklerotisierungen artcharakteristisch gestaltet (Abb. 6 A).

♂: Epiproct und Paraprocte wie beim Weibchen. Das Hypandrium weist ventral eine kielartige mediane Erhebung auf, die der von *D. pallida* sehr ähnelt. Auch der Phallus läßt sich kaum von *D. pallida* unterscheiden (Abb. 7).

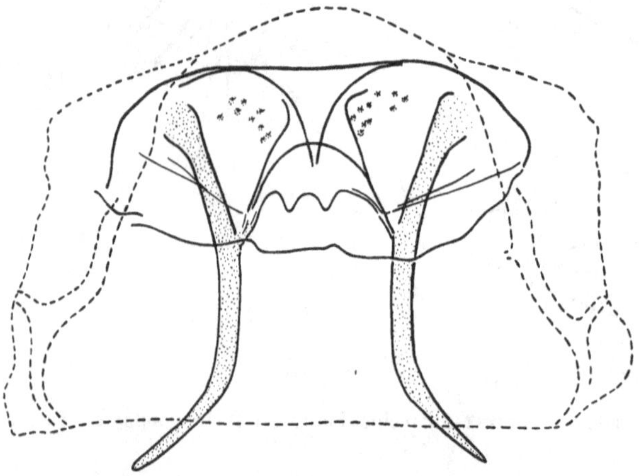

Abb. 7
Dorypteryx domestica (SMITHERS). Phallus, Ventralansicht. Hypandrium gestrichelt eingezeichnet.

Untersuchtes Material:

7 ♀♀: Seelingstädt bei Gera (DDR), im 5. Stockwerk eines zentralbeheizten Neubaus auf dem staubigen Fußboden; 2. 6. 1982 leg. W. MEY (in Alkohol), 1 ♂, 2 ♀♀: Kleinmachow (DDR, Bez. Potsdam), in einem zentralbeheizten Flachbau, Arbeitszimmer; 18. 7. 1981 und 20. 4. 1983 leg. W. MEY.*)

1 ♂ + 1 ♀: Mikroskopische Präparate: Mainz (BRD), Neubau; I/1984 leg. KL. HONOMICHL. 2 ♂♂ + 1 Nymphe: Mainz (BRD), Neubau; I/1984 leg. KL. HONOMICHL (in Alkohol).

*) Herrn Dr. W. MEY möchten wir für die Erlaubnis zur Veröffentlichung seiner Funde aus der DDR in dieser Arbeit herzlich danken.

Lebensweise

Alle bisherigen Fundangaben, auch die vorliegenden, bestätigen, daß *D. domestica* eine domicole Art ist, die an ähnlichen Orten wie *D. pallida* zu leben scheint. Offensichtlich bevorzugt sie sehr feuchte, staubige Plätze und zentralbeheizte Neubauten. Vorwiegend tritt sie in Kellern aber auch an den verschiedensten anderen Stellen in Gebäuden auf. So wurde sie in Wohn-, Arbeitszimmern und Wirtschaftsräumen (auf dem Arbeitstische eines biologischen Labors, im Operationssaal eines Krankenhauses, auf Schränken, in Lagern physikalischer Geräte einer Schule, in der Bibliothek einer Kirche, im Vorratskeller und in Werkstätten eines alten Stifts) angetroffen. Sehr häufig lebt sie gemeinsam mit *Badonnelia titei* Pearman, *Lepinotus patruelis* Pearman und *Liposcelis*-Arten. Man kann ihr das ganze Jahr über begegnen. Das Geschlechtsverhältnis ist etwa ausgeglichen.

Diese Art ist immer brachypter und nicht flugfähig, aber sie führt kleine Sprünge von mehreren Zentimetern Weite aus, wobei ihre reduzierten Vorderflügel mitwirken sollen. Die Tiere sind sehr lebhaft und flink, was sich deutlich zeigt, wenn man sie fangen will.

Ihre Nahrung besteht aus Schimmelpilzen, die auf feuchtem organischem Material wachsen. Das ist auch der Grund, warum sie häufig in Neubauten, die noch schlecht ausgetrocknet sind, auf Tapeten aber auch nackten Wänden gefunden wird, wo sich eine sehr feine Pilzmyzeldecke ausgebildet hat. Gewöhnlich verschwindet die Art plötzlich wieder, wenn die Gebäude ausgetrocknet sind.

Die anscheinend sehr weite Verbreitung der Art wurde zweifellos durch den internationalen Warenaustausch begünstigt. Über ihr Ursprungsland wissen wir allerdings nichts, nicht zuletzt deshalb, weil sie bisher noch nie ständig in der freien Natur lebend gefunden wurde. Es ist aber zu vermuten, daß sie ursprünglich boden- oder höhlenbewohnend gewesen ist.

Diese möglicherweise erst vor nicht allzulanger Zeit eingeschleppte Art zeigt ein sehr lokales Vorkommen, kann aber an für sie günstigen Stellen außerordentlich häufig sein (Lienhard, 1983). An der Fundstelle in Mainz (feuchter Neubau) traten die Tiere für wenige Monate so zahlreich auf, daß sie allergische Reaktionen bei den Bewohnern verursachten.

Literatur

Dessart, P. (1976): Psoque nouveau pour la faune belge: *Dolopteryx domestica* Smithers (Psocoptera). — Bull. Ann. Soc. r. belge Ent. **112**: 24.

Günther, K. K. (1974): Staubläuse, Psocoptera. Die Tierwelt Deutschlands, 61. Teil. Gustav-Fischer-Verlag, Jena. 314 pp.

Kalinović, I. & Pivar, G. A. & Günther, K. K. (1980): Contribution to the investigation of Psocoptera in the special zoological Reservation „Kopački Rit" in Baranya. — Acta ent. Jugosl. **16** (1–2): 111–119.

Lienhard, C. (1977): Die Psocopteren des Schweizerischen Nationalparks und seiner Umgebung (Insecta: Psocoptera). — Erg. wiss. Unters. Schweiz. Nat'pk. **14** (Nr. 75): 415–551.

— (1982): Les psoques de nos maisons ou les tours malicieux des appareils Berlese. — Musées de Genève, no. **222**: 16–21.

— (1983): Die Staubläuse der Region Zürich (Insecta: Psocoptera). — Naturforsch. Ges. Zürich **128** (2): 115–129.

Martini, J. (1984): *Dorypteryx domestica* (Smithers, 1958), a new species of Psocoptera for the fauna of Poland. — Polskie Pismo entomol. 53: 683–684.

Schneider, N. (1976): Sur l'existence en Europe de *Dolopteryx domestica* Smithers, 1958 (Psocoptera: Psyllipsocidae). — Bull. Ann. Soc. r. belge Ent. **112**: 149–153.

— (1977): Les Psocoptères du Grand-Duché de Luxembourg: 1. Faunistique et écologie des espèces domicoles. — Bull. Ann. Soc. r. belge Ent. **113**: 210–222.

SMITHERS, C. N. (1958): A new genus and species of domestic Psocid (Psocoptera) from Southern Rhodesia. – J. ent. Soc. S. Afr. **21**: 113–116.

Anschriften der Autoren:

Dr. KURT K. GÜNTHER
Museum für Naturkunde
Bereich Zoologisches Museum der
HUMBOLDT-Universität zu Berlin
DDR-1040 Berlin, Invalidenstr. 43

Dr. KLAUS HONOMICHL
Institut für Zoologie
JOH. GUTENBERG-Universität
D-65 Mainz, Saarstraße 21

Nachtrag

Während der Drucklegung wurde uns weiteres Material dieser Art von 5 Fundstellen in der Deutschen Demokratischen Republik zugeleitet:

1 ♂, 2 ♀♀, 1 Nymphe: Leipzig, im Keller und in der Wohnung; 21. 10. 1982 leg. Dr. VATER. 1 ♂: Leipzig, in Wohnung; 22. 9. 1983 leg. Dr. VATER, 1 ♂, 1 ♀: Leipzig, in der Küche eines Kindergartens; 18. 3. 1985 leg. Dr. VATER. 2 ♀♀: Dresden; 12. 10. 1985. 5 ♀♀: Senftenberg; September 1985 leg. VOLCZIK.

Dtsch. ent. Z., N. F. 33 (1986) 1—2, 83—93

Zum rezenten Wirtspflanzenspektrum der Buprestidae unter Berücksichtigung phylogenetischer Aspekte

(Coleoptera)

Von

Michael Weidlich

Mit 3 Abbildungen im Text

Abstract

The evolution of Buprestidae began in the Jurassic, may be during the Triassic period. Certain fossil bupres-beetles have been found in the Malm. — The first Buprestidae were ecologically fixed on Pinidae (Coniferales). —

Partial adaption was attained with the radiation of the angiosperms. — The utilization of angiosperms may have been the result of the niche occupation process. — Further evolution became significant at the beginning of the late Cretaceus period. The host-plant spectrum of recent Buprestidae is mainly the result of specialization.

Zusammenfassung

Die Entwicklung der Buprestidae setzt im Jura ein, vielleicht bereits in der Trias. Gesicherte fossile Nachweise sind aus dem Malm bekannt.

Ökologisch waren die ersten Buprestiden an Pinidae (Coniferales) gebunden, wahrscheinlich an Pinaceen und Cupressaceen. Mit der Entfaltung der Angiospermen in der Unterkreide gelang eine teilweise ökologische Umstellung auf diese Pflanzen. Da die ältesten Angiospermensubklassen im Brutpflanzenspektrum fehlen (Magnoliidae, Alismatidae, Arecidae — eine Ausnahme), muß die Nutzung der Angiospermen als Ergebnis von Einnischungsprozessen gesehen werden. Subsequent-Evolution hinsichtlich der Angiospermen als Wirtspflanze gewinnt mit dem Ausgang des Mesozoikums und besonders im Känozoikum an Bedeutung.

Das Wirtspflanzenspektrum der rezenten Buprestidae ist in erster Linie als Ergebnis von vielfältigen Spezialisierungen zu deuten, wobei von der ursprünglichen, saprophagen zur phytophagen und rhizophagen Lebensweise gefunden wurde.

1. Einleitung

Während die Wirtspflanzenspektren der paläarktischen Buprestiden gut bekannt sind, sind die Kenntnisse über die Ansprüche subtropischer und tropischer Taxa gering und es gibt oft nur Angaben über die Biologie, soweit sie sich auf Kulturpflanzen bezieht (z. B. Stebbing 1914). Bevor auf das Wirtspflanzenspektrum anhand rezententomologischer Kenntnisse näher eingegangen wird, sind die Faktoren und Zusammenhänge herauszuarbeiten, die entscheidend bei der stammesgeschichtlichen Entwicklung der Buprestidae waren und zur Herausbildung des Spektrums führten.

Die Larvalentwicklung der Buprestidae ist durch eine saprophage, phytophage und rhizophage Lebensweise gekennzeichnet. Der Ursprung der rezent sehr differenziert ausgebildeten Phytophagie wird von vielen Autoren in der Saprophagie (MALYSHEV 1968, MAMAJEV 1971, ZWÖLFER 1978) aber auch in der Mycophagie (ZWÖLFER 1978) gesucht. Die Phytophagie der Insekten im Evolutionsprozeß wird ebenfalls unterschiedlich gedeutet, entweder als Co-Evolution von Pflanze und Insekt (GILBERT 1971, KEVAN et. al. 1975, ZWÖLFER 1978) oder als subsequent-Evolution (JERMY 1976, PAULUS 1978, KLAUSNITZER & RICHTER 1983). Nach PAULUS (1978) kann von einer echten Co-Evolution lediglich bei einigen Blütenbesuchern gesprochen werden. Diese Angaben verdeutlichen, daß noch Unklarheiten in der Beurteilung der Phytophagie in bezug auf die Evolution bestehen (KLAUSNITZER & RICHTER 1983).

Nachweise der Fraßtätigkeit von Arthropoden sind bereits aus Devonablagerungen bekannt (KEVAN et al. 1975): Fraß von Sporen und verfaulenden Pflanzenteilen (Saprophagie). An karbonischen und permischen Pteridospermen wurde Miniertätigkeit von Insekten festgestellt (MÜLLER 1982). Hier ist auch Saprophagie möglich gewesen. Als eine der ursprünglichsten Phytophagieformen wird das Pflanzensaftsaugen an paläophytischen Cordaiten angesehen (SMART & HUGHES 1972, ZWÖLFER 1978). Für die Stammgruppen der Coleoptera und die ersten Archostemata wird eine saprophage Lebensweise, bei der totes Holz als ökologische Ausgangszone gilt (CROWSON 1960, 1962), beziehungsweise eine an verpilztes Holz gebundene Entwicklung angenommen (PONOMARENKO 1969, CROWSON 1981, HIEKE 1983). Bereits für Karbon-, weniger für Devoninsekten betont MAMAJEV (1971) totes Holz als ökologische Grundlage. Nachweise einer an totes (Saprophagie) oder auch teilweise an lebendes Holz (Phytophagie-Xylophagie) geknüpfte Larvalentwicklung, finden sich an Hölzern des Perm (Walchia – ROUCHY 1875), der Trias (BRUES 1936, WALKER 1938, LINCK 1949) und Lias (JURASKY 1932). Diese Fraßgänge dokumentieren die Lebensweise der paläozoischen und mesozoischen Archostemata und Polyphaga. WALKER (1938) rechnet diese Lebensspuren den Buprestidae und Scolytidae (= Polyphaga), CROWSON (1960) dagegen „cupedidenartigen" Coleopteren, also Archostematen zu. Von den rezent nur noch reliktartig vorkommenden Archostemata leben zwei *Cupes*-Arten an totem Holz (CROWSON 1962).

Um ihre Ernährung, besonders den Eiweißbedarf zu decken, benötigen die sapro- und xylophagen „Holzverwerter" den Aufschluß von Zellulose oder Hemizellulose, da Holz nur 1–3% Eiweiß enthält. Bei den Cerambycidae wurde das Ferment Zellulose nachgewiesen, welches die Aufspaltung und Nutzung der Zellulose durch die Larven gewährleistet (KLAUSNITZER & SANDER 1978). Scarabaeidae- und Lucanidaelarven nutzen die Symbiose mit zellulosespaltenden Mikroorganismen und Scolytidaelarven verfügen über einen sogenannten Kaumagen, bei dem Chitinleisten das Substrat zerkleinern (KLAUSNITZER 1981, 1982).

Diese Beispiele zeigen, daß die Holzverwertung auf vielfältige Spezialisierungen beruht und ihre Anfänge bereits im Karbon oder Perm zu suchen sind. Von vielen Autoren wird das „Holzfressen" im engen Zusammenhang mit der Mycophagie gesehen.

2. Die ökologische Ausgangssituation der Buprestidae in Trias und Jura

Neben den Kryptogamen spielten in der Trias und besonders im Jura die aufsteigenden Gymnospermen eine bedeutende Rolle und bildeten für die Polyphaga eine adaptive Zone, die erschlossen werden konnte. Dieser Entwicklung kam der in der Trias reduzierte Florenprovinzialismus entgegen, wobei die rhätoliassische Flora schon weltweite Verbreitung zeigte (TRÖGER 1984).

ROUCHY (1875), JURASKY (1932), WALKER (1938) und LINCK (1949) zeigen, daß paläozoische und mesozoische Gymnospermen durch Fraßtätigkeit von Coleopteren gekennzeichnet sind. Betroffen sind ausschließlich Coniferales (Nadelhölzer), vornehmlich der Walchiaceae (Lebachiaceae) und Voltziaceae. Sollten sich die Bestimmungen von WALKER

(1938) als richtig erweisen, so wären die Buprestidae in der oberen Trias nachgewiesen und traten bereits als „Holzverwerter“, möglicherweise von Pinidae (Coniferales) auf. Nach CROWSON (1981) liegt der Ursprung der Buprestoidea im Lias, da Liasfossilien bereits als buprestidenähnlich beschrieben wurden (HANDLIRSCH 1906—1908). Als ältestes Buprestidenfossil, deren Bestimmung gesichert ist, gilt der Fund aus dem Malm von Solnhofen in der BRD (PONOMARENKO 1971).

Für die Beurteilung der ökologischen Ausgangssituation der ersten Buprestidae, muß auf die Florenzusammensetzung im Jura eingegangen werden.

Über die Rolle der Kryptogamen im Wirtsspektrum der Buprestidae in früheren erdgeschichtlichen Epochen ist nichts bekannt, für die Rezenten sind sie nicht von Bedeutung. Die Angiospermen stehen erst am Anfang ihrer Entwicklung (TAKHTAJAN 1959, KRASSILOV 1973, 1975, 1977, DOYLE 1977) und bildeten für die Buprestidae noch keine ökologische Grundlage. Deshalb müssen Gymnospermen als ökologische Ausgangszone betrachtet werden.

Im Jura bestand die Gymnospermenflora nach DOYLE (1977) aus den Ginkgoales, Coniferales, Pteridospermales, Cycadales, Pentoxylales, Bennettitales und den ersten Gnetales. Ausgehend von den Kenntnissen über die Ökologie der rezenten Buprestidae, gehören die Pinaceen, Cupressaceen (Coniferales) und Ephedraceen (Gnetales) zum Wirtsspektrum, alle anderen Gymnospermengruppen dagegen nicht (siehe Abb. 1). Für die ökologische Fixierung auf nur drei Familien kann es vier wesentliche Gründe geben.

1. Alle erwähnten Gymnospermenordnungen waren im Mesozoikum weit verbreitet und gehörten zum Brutpflanzenspektrum der Buprestidae. Die Entwicklung der Ginkgoales, Coniferales (Taxidae, Pinidae — Araucariaceae, Taxodiaceae-), Pteridospermales, Cycadales, Pentoxylales und Bennettitales verlief bis zur Gegenwart in die Richtung, daß nur noch reliktäre Vorkommen bestehen oder die Taxa sogar ausstarben. Die pflanzengeographische Verbreitung verdeutlicht diese Entwicklung (VESTER 1940, EHRENDORFER 1971, AXELROD & RAVEN 1972, WILLIS 1973). Diese rezenten reliktären Vorkommen bieten den Buprestidae nicht mehr die ökologischen Voraussetzungen (Standortfragen aut-, dem- und synökologischer Natur, vielleicht stärkerer Selektionsdruck u. a.), die sie für ihre Existenz benötigen. Das heißt, die Buprestidentaxa, die ehemals an diese Pflanzen gebunden waren, sind ausgestorben. Ihnen ist eine Umstellung auf andere Pflanzen durch stabilisierende Selektion und damit herabgesetzter genetischer Variabilität nicht gelungen.

Insektenarten, die rezent an diese Pflanzen gebunden sind, können neben Relikten auch Spezialisten sein, die anderen modernen Evolutionsreihen entstammen. Für die Buprestidentaxa ist die Nutzung der Ephedraceen entweder als subsequent — Evolution oder im Gegensatz zu den Pinaceen und Cupressaceen als Spezialisierung, als ökologische Einnischung aufzufassen.

2. Die Entwicklung der Buprestidae, eingeschlossen der Prozeß ihrer Herausbildung, verlief mit der Entwicklung der Pinaceen und Cupressaceen, ist also als subsequent — Evolution aufzufassen. Die Stammgruppen der Buprestidae lebten saprophag an totem Holz, vornehmlich an dem von Pinaceen und Cupressaceen, vielleicht bestimmt durch die Dominanz dieser Pflanzenfamilien an entomophilen Lokalitäten und dem Entstehungszentrum der Buprestidae. Für eine subsequent — Evolution erwiesen sich diese Gymnospermen als besonders geeignet und ihre progressive stammesgeschichtliche Entwicklung verhalf den Buprestiden zu ihrer Virenzphase. Der weitere evolutive Erfolg der Buprestidae bis zur Gegenwart war der Übergang zu echter Xylophagie.

3. Der Selektionsdruck auf die Stammgruppe der Buprestidae wirkte derart (neben den Buprestidae traten bereits andere Coleopterenfamilien als „Holzverwerter“ auf), daß die sich entwickelnden Pinaceen und Cupressaceen als adaptive Zone genutzt werden konnten. Die Eroberung dieser ökologischen Nische war mit einen verminderten Selektionsdruck verbunden und ermöglichte genetische Reorganisation, die mit einem evolutiven Aufschwung verbunden war.

4. Alle genannten mesozoischen Gymnospermen außer den Pinaceen und Cupressaceen verfügen über sogenannte Repellentien (Barrieren), die eine Besiedlung durch Buprestiden nicht zulassen. Für die Entwicklung der Larvalstadien sind sowohl die primären Pflanzeninhaltsstoffe (Aminosäuren, Kohlenhydrate, Lipide) als auch die sekundären Stoffe (Glycoside, Alkaloide, Flavonoide, Terpene, toxische Pflanzenproteine) von Bedeutung. Gerade diese Sekundära können eine Nutzung der Pflanze verhindern oder rufen bei Besiedelung negative Auswirkungen auf die Entwicklungsstadien hervor, wie JURZITZA (1969) am Beispiel des Tabakkäfers zeigen konnte. Weitere Substanzen können wie Häutungshormone wirken und die Entwicklung der Larvalstadien stark behindern (SLAMA 1969). Erst durch Spezialisierungen ist es möglich, diese Repellentien zu überwinden und derartige ökologische Nischen zu erschließen.

Sicherlich müssen alle vier Ursachen im Zusammenhang gesehen werden und weitere Faktoren können für die ökologische Fixierung auf die Pinaceen und Cupressaceen eine Rolle spielen.

3. Die Nutzung der Angiospermen als Buprestidenwirtspflanzen — das Ergebnis von Einnischungsprozessen

Mit der Herausbildung und weltweiten Radiation der Angiospermen, die palynologisch für die Unterkreide überzeugend von KREMP (1978) dargestellt wurde, begann auch eine Virenzphase der Insekten. Die Ursachen für die schnelle Entwicklung und Ausbreitung der Angiospermen werden verschieden diskutiert. Die Überlegenheit im Blütenbau (die Bestäubung durch die Insekten erwies sich als sehr effektiv) und Plastizität im vegativen Bereich, die eine rationellere Ausnutzung und Eroberung neuer Lebensbereiche erlaubte, werden als Kriterien angesehen (EHRENDORFER 1971). Nach EHRLICH & RAVEN (1967) gelang den Angiospermen unter dem Schutz von chemischen Inhaltsstoffen eine zeitweise Abwehr der phytophagen Insekten und ermöglichte ihre rasche Entwicklung. Diese Repellentien, meist Alkaloide, finden sich besonders reichhaltig bei den ursprünglichen Angiospermenfamilien (Magnoliaceae, Annonaceae, Myristicaceae, Lauraceae). Ebenfalls erbrachte die Eroberung neuer Lebensräume, z. B. Wasserhabitate durch die Nymphaeaceen, einen ausreichenden Schutz vor den phytophagen Insekten. Der Evolutionsprozeß, der die Entwicklung zwischen Insekten und Angiospermen charakterisiert, wird als Co-Evolution (GILBERT 1971, ZWÖLFER 1978), subsequent — Evolution (JERMY 1976, PAULUS 1978) oder als ökologischer Einnischungsprozeß betrachtet (KLAUSNITZER 1977). Welche Evolutionsform trifft für die Buprestidae hinsichtlich der Angiospermennutzung zu?

Im rezenten Wirtspflanzenspektrum der Buprestidae nehmen die Angiospermen breitesten Raum ein. Sehr auffällig ist, daß die ursprünglichen Magnoliidae, Alismatidae und Arecidae im Spektrum fehlen. Die Nutzung der Arecidae (Arecaceae) durch eine Buprestidenart (siehe Abb. 1) ist sehr wahrscheinlich als Einnischungsprozeß zu sehen, zumal die Lebensweise von *Acmaeoderella nannorrhopsiiola* VOLK. & BILY als Ergebnis einer Spezialisierung zu deuten ist. GOOD (1925) zeigte, daß *Acmaeodera* ESCH. (wie auch *Acmaeoderella* COBOS) nach dem Bau der Alae als phylogenetisch junge Gattung einzustufen ist. Somit können die Arecidae stammesgeschichtlich nicht als Übergangsglied bei der Herausbildung des rezenten Wirtspflanzenspektrums angesehen werden.

Da keine Gründe dafür vorliegen, daß die an Magnoliidae, Alismatidae und Arecidae gebundenen Buprestidentaxa ausgestorben sind, kann nicht von einer Co-Evolution oder subsequent-Evolution der Buprestidae mit den Angiospermen zumindest im Prozeß der Herausbildung der ersten Bedecktsamer (Unterkreide) gesprochen werden. Das rezente Brutpflanzenspektrum, bezogen auf die Angiospermen, hat seinen Ausgangspunkt in ökologischen Einnischungsprozessen, wobei nachfolgend vielfältige Spezialisierungen sichtbar werden. Subsequent-Evolution gewinnt mit dem Ausgang des Mesozoikums und besonders im Känozoikum an Bedeutung.

4. Analyse der Wirtspflanzenspektren einzelner Buprestidentaxa und Rückschlüsse auf ihr phylogenetisches Alter

Das Bild des rezenten Wirtspflanzenspektrums der Buprestidae ist als Ergebnis vielfältiger Spezialisierungen zu sehen (Abb. 1). Trotzdem lassen sich auch in diesem Fall Rückschlüsse auf die ursprünglichen Spektren gewinnen, obwohl sie durch Spezialisierungen überlagert sind. Mit der Bestimmung des Anteils, den ältere und jüngere Pflanzengruppen im Wirtspflanzenspektrum aufweisen, kann auf das phylogenetische Alter geschlossen werden.

ZWÖLFER (1978) zeigte, daß die Phytophagenfamilien mesozoischen Ursprungs auch rezent noch einen relativ hohen Anteil altertümlicher Pflanzen und phylogenetisch junge Phytophagenfamilien einen entsprechend hohen Anteil an modernen Pflanzen aufweisen. Durch die Anwendung dieser Methode bei den Buprestidae auf Ebene der Subfamilien und Genera können differenzierte Aussagen erzielt werden.

Als Indikatorgruppen werden entsprechend dem Wirtspflanzenspektrum stammesgeschichtlich annähernd gleichaltrige Pflanzensubklassen (in Anlehnung an EHRENDORFER 1971, DOYLE 1977) verwendet. Die besondere Rolle der Arecidae wurde bereits oben erwähnt.

1. Pinidae
2. Gnetidae
3. Arecidae
4. Hamamelididae, Rosidae, Dillidae, Caryophyllidae, Liliidae
5. Asteridae

Für die Betrachtungen auf Gattungsebene (Abb. 3) sind die Monocotyledonae nicht mit einbezogen, da sie für die analysierten Genera als Wirtspflanzen keine Bedeutung haben.

In Abb. 2 und 3 ist rechts neben der Ordinate der prozentuale Anteil der Pflanzenfamilie im Wirtsspektrum der Buprestidensubfamilien und -genera dargestellt, links die Anteile der Wirtspflanzensubklassen im Wirtsspektrum der jeweiligen Buprestidentaxa. Die Abszisse trennt die altertümlichen Gymnospermen und Arecidae von den phylogenetisch jüngeren Pflanzensubklassen.

Je höher die Säule, um so größer ist der Anteil der modernen Pflanzensubklassen im Wirtsspektrum der Buprestidae.

Abb. 2 läßt erkennen, daß Polycestinae, Acmaeoderinae, Chalcophorinae, Sphenopterinae, Buprestinae und Chrysobothrinae einen bestimmten Anteil an altertümlichen Pflanzengruppen aufweisen. Gleichzeitig fehlen die phylogenetisch jungen Pflanzensubklassen (bei den Polycestinae und Chalcophorinae fehlen die Asteridae) oder sind sogar bis zu 94% am Spektrum beteiligt. Die Julodinae, Cylindromorphinae, Agrilinae und Trachyinae haben keinen Vertreter der ursprünglichen Pflanzensubklasse im Wirtsspektrum. Die Trachyinae sind außerdem charakterisiert durch einen hohen Anteil der hochentwickelten Asteridae und können als modernste Subfamilie bezeichnet werden. Die spezialisierte, minierende Lebensweise der Trachyinaelarven spricht ebenfalls dafür.

Da sich eine Subfamilie aus spezialisierten und weniger spezialisierten beziehungsweise ursprünglichen Genera zusammensetzt (z. B. Buprestinae), wird die ursprüngliche ökologische Ausgangssituation unscharf. Die Analyse auf Gattungsebene ermöglicht differenziertere Aussagen.

Der Abb. 3 ist zu entnehmen, daß *Buprestis* L. den größten Anteil an Pinidae hat und hochentwickelte Pflanzenfamilien im Spektrum fehlen. *Eurythyrea* LAC. und *Anthaxia* ESCH. zeigen ein ausgeglichenes Spektrum, wobei *Anthaxia* ESCH. einerseits starkes Beharrungsvermögen an altertümlichen Pflanzentaxa und andererseits Spezialisierungen

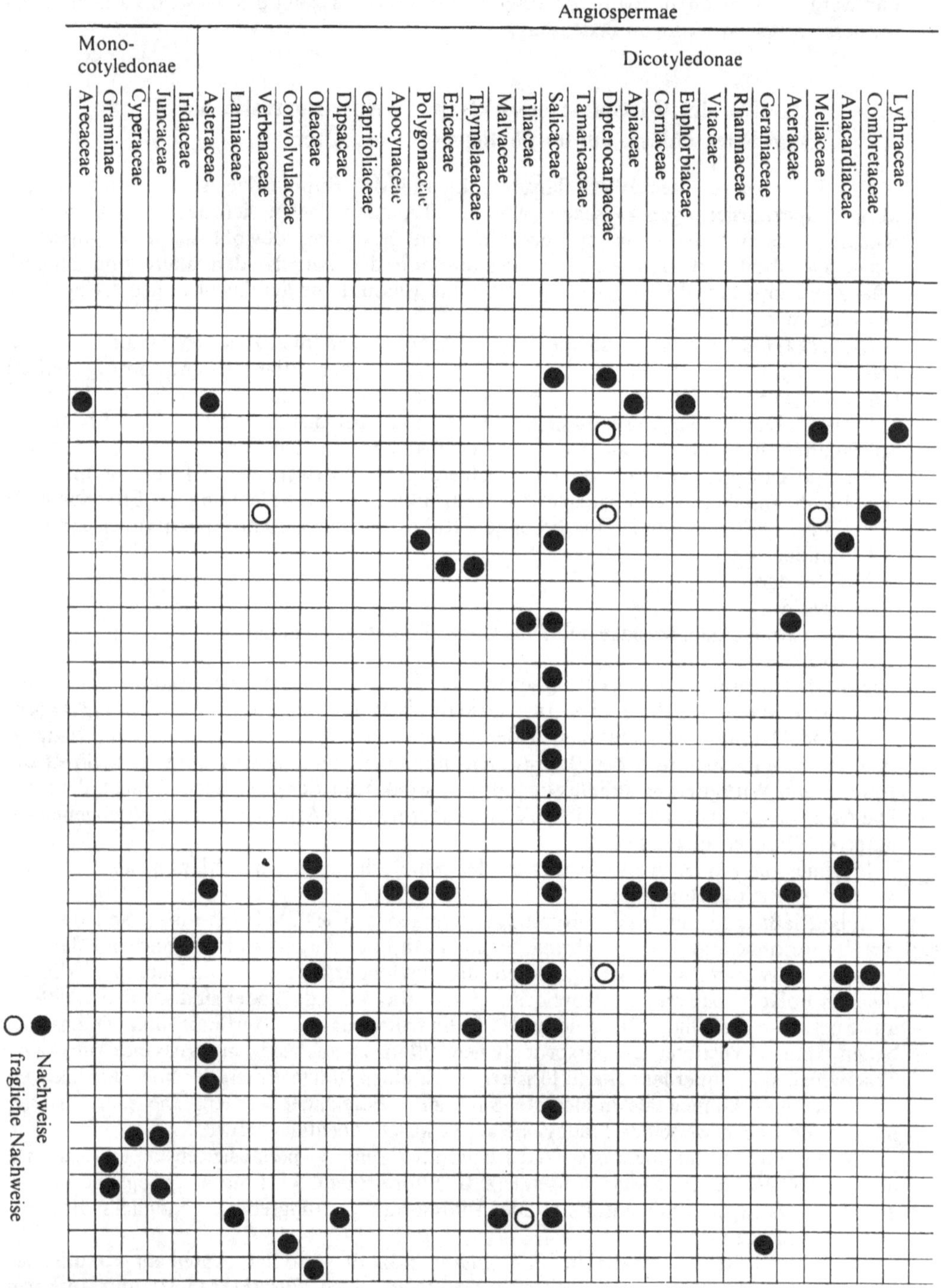

Abb. 1
Das Wirtspflanzenspektrum paläarktischer, orientalischer und australischer Buprestidentaxa

										Gymnospermae			Plantae / Buprestidae	
Punicaceae	Myrtaceae	Leguminosae	Rosaceae	Juglandaceae	Myricaceae	Moraceae	Ulmaceae	Betulaceae	Fagaceae	Ephedraceae	Cupressaceae	Pinaceae		
		●											Julodis	Julodinae
												●	Chrysophana	Polycestinae
		●	●										Ptosima	
		●	●						●		●	●	Acmaeodera	Acmaeoderinae
			●							●			Acmaeoderella	
		●											Chrysochroa	Chalcophorinae
												●	Chalcophora	
			●										Chalcophorella	
		○											Psiloptera	Buprestinae
	○		●									●	Capnodis	
			●										Aurigena	
									●				Latipalpis	
				●				●	●				Dicerca	
												●	Argante	
													Poecilonota	
			●						●		●		Palmar	
			●				●	●					Scintillatrix	
	●								●			●	Eurythyrea	
										●			Yamina	
											●	●	Buprestis	
												●	Phaenops	
		●				●	●	●	●		●	●	Melanophila	
		●	●			●	●		●	●	●	●	Anthaxia	
	●												Stigmodera	
			●									●	Sphenoptera	Sphenopterinae
●	●	●	●	●		●	●	●	●			●	Chrysobothris	Chrysobothrinae
													Belionota	
		●	●		○		●	●	●				Agrilus	Agrilinae
			●						●				Coraebus	
			●										Meliboeus	
									●				Nalanda	
													Aphanisticus	
													Cylindromorphus	Cylindromorphinae
													Paracylindromorphus	
			●				●	●					Trachys	Trachyinae
								●					Habroloma	
													Janthe	

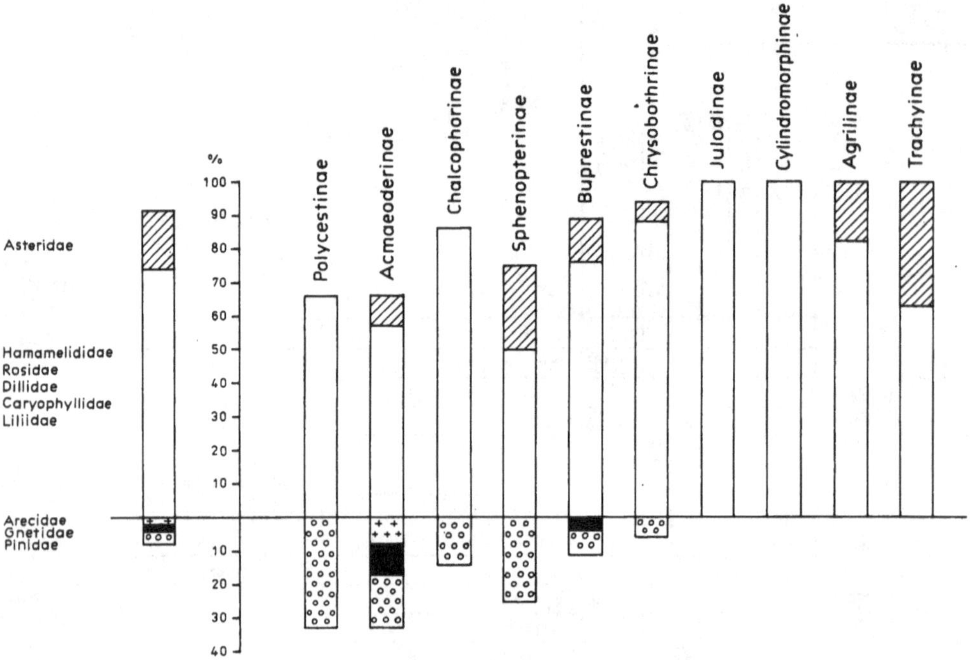

Abb. 2
Qualitative und quantitative Zusammensetzung des Wirtspflanzenspektrums von 10 Buprestidensubfamilien unter Berücksichtigung des phylogenetischen Alters der Pflanzensubklassen

auszeichnet. *Scintillatrix* OBENB. erscheint schon mit einem moderneren Wirtspflanzenspektrum. *Buprestis* L., *Eurythyrea* LAC., *Anthaxia* ESCH. und *Scintillatrix* OBENB. verdeutlichen die ökologische Valenz einer Subfamilie (Buprestinae).

Ausgeprägte Spezialisierungen finden sich bei *Agrilus* CURT. und *Trachys* F., dokumentiert durch den hohen Anteil an Asteridae.

Das Beharrungsvermögen an Pflanzentaxa, die bis ins Perm durch Fossilien belegbar sind (Pinidae), kann als Relikterscheinung angesehen werden, obwohl in dem einen oder anderen Fall Spezialisierungen nicht auszuschließen sind. Die Pinidae waren im Mesozoikum die ökologische Ausgangszone der Buprestidae. SCHOONHOVEN (1968) führt derartige Konservatismen der phytophagen Insekten auf Wirtswahlmechanismen zurück, die sich nach den chemischen Eigenschaften der Wirtspflanzen richten. Die Faktoren, die entscheidend für die Ausbildung des Wirtspflanzenspektrums im Ergebnis der Evolution sind, findet man bei ZWÖLFER (1975, 1978) dargestellt. Demnach haben vor allem Vagilität und Flexibilität der Wirtspflanzenbindung, Dominanzverhältnisse in der Vegetation des Ökosystems und Spezialisierungen als Einnischungsprozesse vorrangige Bedeutung.

Die Buprestidae besiedelten ausgehend von den Pinidae die „ökologische Großzone" der Angiospermen. Dieser Einnischungsprozeß war auch mit Veränderungen der Lebensweise verbunden, wobei von der Saprophagie über die Phytophagie zur Rhizophagie der Julodinae und Sphenopterinae gefunden wurde. Einige Beispiele sollen die evolutiven Veränderungen verdeutlichen.

Viele Buprestidenspecies besiedeln nur eine Pflanzenart (Nannorrhops ritchieana – *Acmaeoderella nannorrhopsicola* VOLK. & BILY, Entwicklung in Blütenstielen), eine Pflanzengattung (Nerium – *Anthaxia iranica* BILY, Betula – *Dicerca acuminata* PALL., Tilia

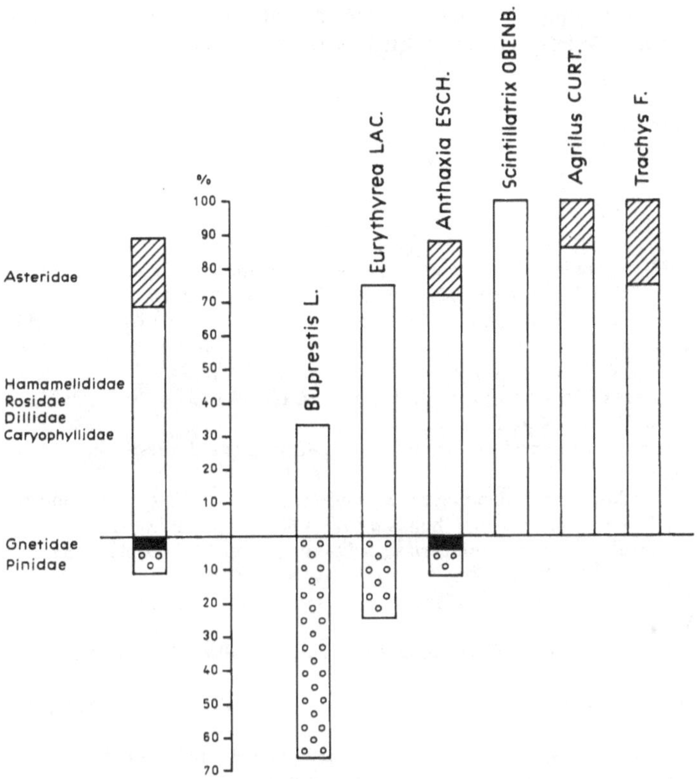

Abb. 3
Qualitative und quantitative Zusammensetzung des Wirtspflanzenspektrums von 6 Buprestidengenera unter Berücksichtigung des phylogenetischen Alters der Pflanzensubklassen

– *Scintillatrix rutilans* F.) oder nur sehr wenige, aber eng verwandte Pflanzengattungen (Populus und Salix – *Dicerca aenea* L. und *Melanophila picta* F., Fagus, Carpinus und Ostrya – *Dicerca berolinensis* HERBST). Die Spezialisierung geht sogar so weit, daß die einzelnen Arten an derselben Pflanze verschiedene Teile befallen. Die Species weichen somit einander aus und eine interspezifische Konkurrenz wird fast ausgeschlossen. Weiterhin werden durch Spezialisierungen Repellentien überwunden und somit ökologische Nischen erobert. Dies betrifft z. B. *Acmaeoderella* sp. (an Euphorbiaceen — BILY, in litt. 1984), *Perotis unicolor* OLIV., *Agrilus integerrimus* RATZB. (an Thymelaeaceen — Daphne — POCHON 1964, HELLRIGL 1978), *Anthaxia millefolii* F. und *Anthaxia iranica* BILY (an Apocynaceen-Nerium — HELLRIGL 1978, BILY 1983).

Ökologische Spezialisierungen müssen somit in erster Linie als evolutive Errungenschaften niederer taxonomischer Einheiten, besonders Arten, gesehen werden.

Ausgesprochene Polyphagie findet sich bei den Buprestidae nur bei sehr wenigen Arten, z. B. *Melanophila acuminata* DE GEER, *Chrysobothris affinis* L. und *Agrilus visidis* L. Sowohl Gymno- als auch Angiospermen werden nur von *Melanophila acuminata* DE GEER als Brutpflanzen genutzt. Neben dem breiten Wirtspflanzenspektrum zeichnet sich diese Art dadurch aus, daß ein spezielles Organ entwickelt ist, welches Infrarotstrahlungen (Waldbrände) für das Erkennen geeigneter und bevorzugter Brutmöglichkeiten wahrnimmt (HIEKE 1978:240). Dieses Beispiel zeigt, daß neben der hohen Flexibilität einer Wirtspflanzenbindung durch Spezialisierungen Möglichkeiten erschlossen werden, die die optimale Ausnutzung des gesamten Wirtspflanzenspektrums gewährleisten.

Herrn Dr. S. BILY (Nationalmuseum Prag) sei an dieser Stelle für viele Hinweise zum Wirtspflanzenspektrum der rezenten Buprestidae herzlich gedankt.

Literatur

AXELROD, D. J.; RAVEN, P. H. (1972): Evolutionary Biogeography viewed from the plate tectonic theory. – Challenging Biological Problems, Directions toward their solution; 218–236; Oxford.

BILY, S. (1974): Zur Biologie einheimischer Käferfamilien 13. Buprestidae. – Ent. Ber.: 67–79; Berlin.

(1975a): The larvae of eight species of genus *Anthaxia* ESCHSCHOLTZ, 1829 from the Central Europe (Coleoptera, Buprestidae). — Stud. Entom. Forestalia 2 (4): 63—82; Prag.

– (1975b): Larvae of European species of the genus *Chrysobothris* ESCHSCH. (Coleoptera, Buprestidae). – Acta entomol. bohemoslovaca **72** (6): 418–424; Prag.

– (1979): New Records and Rare Species of Buprestidae from Bulgaria (Coleoptera, Buprestidae). – Acta Zool. Bulgarica **13**: 47–52; Sofia.

— (1983b): Results of the czechoslovak-iranian entomological expeditions to Iran — Coleoptera, Bupres- (REITTER) (Coleoptera, Buprestidae). – Acta entomol. bohemoslovaca **80**: 65–70; Prag.

— (1983b): Results of the czechoslovak-irania entomological expeditions to Iran — Coleoptera, Buprestidae. – Acta Ent. Mus. Nat. Pragae **41**; 29–89; Prag.

(1984a): *Chrysophana holzschuhi* sp. n. from Pakistan (Coleoptera, Buprestidae). – Acta faun. ent. Mus. Nat. Pragae **17** (193): 5—7; Prag.

(1984b): Taxonomical and biological notes on Buprestidae from Turkey (Coleoptera). – Türk. Bit. Kor. Derg. **8**: 143–149.

BRUES, C. T. (1936): Evidence of insect activity preserved in fossil wood. — J. Paleont. **10** (7): 637—643; Tulsa.

CROWSON, R. A. (1960): The phylogeny of Coleoptera. – Ann. Rev. Ent. **5**: 111–134; Palo Alto.

(1962): Observations on the beetle family Cupedidae, with descriptions of two new fossil forms an a key to the recent genera. – Ann. Mag. natur. Hist. **5** (13): 147–157; London.

– (1981): The Biology of the Coleoptera. – 658–688; London, New York, Toronto, Sydney, San Francisco.

DOYLE, J. A. (1977): Patterns of Evolution in early Angiosperms. – IN: HALLAM, A.: Patterns of Evolution as illustrated by the fossil record. 501–546; Amsterdam, Oxford, New York.

EHRENDORFER, F. (1971): Systematik und Evolution. – In: STRASBURGER, E.; NOLL, F.; SCHENK, H.; SCHIMPER, A. F. W.: Lehrbuch der Botanik, 584–745, Jena.

EHRLICH, P. R.; RAVEN, P. H. (1967): Butterflies and plants. Sci. Amer. **216**: 104–113; New York.

FREUDE, H.; HARDE, K. H.; LOHSE, G. A. (1979): Die Käfer Mitteleuropas. – Bd. 6; Krefeld.

GILBERT, L. E. (1971): Butterfly-Plant Coevolution: Has Passiflora adenopoda won the selectional race with Heliconiine butterflies? – Science **172**: 585–586; Washington.

GOOD, H. G. (1925): Wing venation of the Buprestidae. – Ann. entomol. Soc. Amer. **18**; 251–272; Columbus.

HANDLIRSCH, A. (1906–1908): Die fossilen Insekten. – 1-1430; Leipzig.

HELLRIGL, K. G. (1978): Ökologie und Brutpflanzen europäischer Prachtkäfer (Col., Buprestidae). – Z. angew. Ent. **85**: 167–191, 253–275; Stuttgart.

HIEKE, F. (1878): Ordnung Coleoptera-Käfer. – In: Urania Tierreich, Bd. 3, Insekten: 194—280; Leipzig, Jena, Berlin.

JERMY, T. (1976): Insect-Host-Plant-Relationship — Co-Evolution or Sequential Evolution? — Symp. Biol. Hung. **16**: 109—113.

JURASKY, K. A. (1932): Fraßgänge und Koprolithen eines Nagekäfers in liassischer Steinkohle. – Z. dtsch. geol. Ges. **84**: 656–657; Berlin.

JURZITZA, G. (1969): Untersuchungen über die Wirkung sekundärer Pflanzeninhaltsstoffe auf die Pilzsymbiose des Tabakkäfers *Lasioderma serricorne* F. Die Entwicklung normaler und aposymbiontischer Larven im Tabak mit verschiedenem Nikotingehalt. – Z. angew. Ent. **63** (3): 233–236; Stuttgart:

KEVAN, P. G.; CHALONER, W. G.; SAVILE, D. B. C. (1975): Interrelationships of early terrestrial Arthropods and plants. – Palaeontology **18** (2): 391–417; London.

KLAUSNITZER, B. (1977): Evolution der Insekten als Einnischungsprozeß bei Angiospermen. – Biol. Rundsch. **15**: 366–377; Jena.

KLAUSNITZER, B. (1981): Wunderwelt der Käfer, – 1-211; Leipzig.
– (1982): Die Hirschkäfer. – Neue BREHM-Bücherei 551: 1-83; Wittenberg.
–; RICHTER, K. (1983): Monophagie und subsequent evolution in ihrer theoretischen Bedeutung für die Insekt-Pflanze-Beziehung.-Pl. Syst. Evol. **142**: 57–60; Berlin, Heidelberg, New York.
–; SANDER, F. (1978): Die Bockkäfer Mitteleuropas. – Neue BREHM-Bücherei 449; 1-222; Wittenberg.
KRASSILOV, V. A. (1973): Mesozoic plants and the problem of angiosperm ancestry. — Lethaia **6**: 163–178, Oslo.
– (1975): Evolutionary morphology and nomothesis of phylogeny, Ancestors of Angiosperms. – In: VORONCOVA, N. N.: Probl. evolut. **4**: 76–106; Novosibirsk.
– (1977): The origin of Angiosperms. – Bot. review **43**: 143–176; New York.
KREMP, G. C. W. (1978): The earliest appearance worldwide of tricolpate and the origin of angiosperms. – Abstracts Amer. Ass. Stratigr. Palynologists, Eleventh Ann. Mtg.: 23; Phoenix.
LINCK, O. (1949): Fossile Bohrgänge (*Anobichnidium simile* n.g. n. sp.) an einem Keuperholz. – N. Jb. Mineral. Geol. Paläontol. B, Monatshefte: 180–185, Stuttgart.
MALYSHEV, S. I. (1968): Genesis of the Hymenoptera and the phases of their evolution. – 1-319; London.
MAMAJEV, B. M. (1971): The significance of dead wood as an anviroment in insect evolution. – 13th Int. Congr. Ent. Moscow 1: 269, Moskau.
MÜLLER, A. H. (1982): Über Hyponome fossiler und rezenter Insekten, erster Beitrag.-Freib. Forsch.heft C **366**: 7–27; Leipzig.
PAULUS, H. F. (1978): Co-Evolution zwischen Blüten und ihren tierischen Bestäubern. – Sonderbd. Naturwiss. Ver. Hamburg **2**: 51–81; Hamburg.
PONOMARENKO, A. C. (1969): Istoritscheskoje raswitije shestkokrylch — Archostemat. — Trudy Pal. Inst. Akad. Nauk SSSR: 1-240; Moskau.
– (1971): O sistematitscheskoj prinadlesheshnosti nekotorych shukow is Solngofenskich slanzew Bawarii. Paleontol. shurn. **1**:67—81, Moskau.
RAPP, O. (1935): Die Käfer Thüringens unter besonderer Berücksichtigung der faunistisch-oekologischen Geographie. — Bd. **3**: 1-332; Erfurt.
REITTER, E. (1911): Fauna Germanica. Die Käfer des Deutschen Reiches. Bd. **3**, Buprestidae: 178–199 Stuttgart.
RICHTER, A. A. (1949): Buprestidae. – In: Fauna SSSR **13** (2): 1-255; Moskau, Leningrad.
ROUCHY, (1875): Decouvertes de perforations de larves fossiles. — Petites nouv. entom. **1**:551; Paris.
SCHOONHOVEN, L. M. (1968): Chemosensory bases of host plant selection. – Ann. Rev. Ent. **13**: 115–136; Palo Alto.
SCHUBERT, R. (1984): Lehrbuch der Ökologie. – 1-595; Jena.
SLAMA, K. (1969): Plants as a source of materials with insect hormone activity. – Ent. Exp. Appl. **12**: 721 bis 728.
SMART, J.; HUGHES, H. F. (1972): The insect and the plant: progressive palaeoecological integration. – In: EMDEN, H. F. v. (Ed.): Insect-Plant Relationships.-Symp. roy. ent. Soc. London **6**: 143—155; London.
STEBBING, E. P. (1914): Indian Forest Insects. Buprestidae. – 190–221, London.
TAKHTAJAN, A. (1959): Die Evolution der Angiospermen. – 1-344, Jena.
TRÖGER, H.-A. (1984): Abriß der historischen Geologie. – 1-718; Berlin.
Vester, H. (1940): Die Areale und Arealtypen der Angiospermen-Familien. 2 Teil.-Botan. Arch. **41**: 295–356; Leipzig.
VOLKOVICH, M. G.; BILY, S. (1979): New species of Acmaeoderini from South-West Asia (Coleoptera, Buprestidae). – Acta entomol. bohemoslovaca **76**: 330–336; Prag.
WALKER, M. V. (1938): Evidence of Triassic insects in the petrified forest national Monument, Arizona. – Proc. Unit. St. Nat. Mus. **85**: 137–141; Washington.
WILLIS, J. C. (1973): A dictionary of the flowering plants and ferns. – 8. Ed.; Cambrigde.
ZWÖLFER, H. (1975): Artbildung und ökologische Differenzierung bei phytophagen Insekten.-Verh. dtsch. zool. Ges. 1974: 394–401; Stuttgart.
– (1978): Mechanismen und Ergebnisse der Co-Evolution von phytophagen und entomophagen Insekten und höheren Pflanzen. — Sonderbd. naturwiss. Ver. Hamburg 2:7 — 50; Hamburg.

Anschrift des Verfassers:

Dr. MICHAEL WEIDLICH
Aßmannstr. 29
DDR-1162 Berlin

Dtsch. ent. Z., N. F. 33 (1986) 1—2, 95—127

Revision der Gattung Odontoscelis LAPORTE DE CASTELNAU, **1832**
(Heteroptera, Scutelleridae)

Von

URSULA GÖLLNER-SCHEIDING

Mit 27 Abbildungen im Text

Abstract

A revision of the genus *Odontoscelis* is given with the redescription of 13 species, including two neotypes for the species *iberica* KOLENATI und *litura* FABRICIUS. The genus is distributed in the Palearctis and the north of the Ethiopis.

Die Gattung *Odontoscelis* ist mit gegenwärtig insgesamt 13 bekannten Arten nicht sehr umfangreich. Ein Teil von ihnen ist jedoch infolge ihres recht einheitlichen Aussehens nach äußerlichen Merkmalen nicht oder schwer zu trennen; dies betrifft vor allem auch die Weibchen. Es kam daher häufig zu Verwechslungen einzelner Arten und damit auch zu falschen Verbreitungsangaben. Eine Überprüfung der Gattung bot sich somit an. Herr Dr. MASSIMO RIZZOTTI VLACH, Museo Civico di Storia Naturale in Verona, begann fast zur gleichen Zeit wie ich mit der Bearbeitung. Eine geplante Zusammenarbeit kam jedoch leider nicht zustande, da Dr. VLACH davon zurücktrat. Ich möchte ihm auch an dieser Stelle für verschiedene Hinweise danken.

Material, darunter auch Typen, stand mir aus verschiedenen Museen und Sammlungen zur Verfügung, und ich danke für die Ausleihe: K. ARNOLD (Geyer/DDR), Dr. P. H. VAN DOESBURG (Mus. Leiden), Dr. W. R. DOLLING (Mus. London), A. HEISS (Innsbruck/Österreich), Dr. A. KALTENBACH (Mus. Wien), Dr. I. M. KERZHNER (Institut Leningrad), Dr. P. LINDSKOG (Mus. Stockholm), Prof. R. LINNAVUORI (Raisio/Finnland), Dr. N. MØLLER-ANDERSEN (Mus. Kopenhagen), Dr. J. PÉRICART (Montereau/Frankreich), Dr. G. PETERSEN (Institut Eberswalde/DDR), Dr. D. PLUOT-SIGWALT (Mus. Paris), Dr. A. POPESCU-GORJ (Mus. Bukarest), Dr. L. PROTIĆ (Mus. Belgrad), Dr. J. RIBES (Mus. Barcelona, Coll. RIBES), Dr. R. T. SCHUH (Mus. N. York), Prof. H. STRÜMPEL (Mus. Hamburg), J. VAN STALLE (Mus. Brüssel), Dr. T. VASARHELYI (Mus. Budapest), Dr. M. R. VLACH (Mus. Verona).

Für die Untersuchungen wurden die Tiere zunächst in BARBER's Lösung eingeweicht und anschließend in destilliertem Wasser gespült. Die abgetrennten Genitalsegmente wurden dann in 10%iger KOH kurz aufgekocht und nach dem Spülen in destilliertem Wasser in Glyzerin überführt; hierin erfolgt auch die Aufbewahrung.

Odontoscelis LAPORTE DE CASTELNAU, **1832**

Odontoscelis LAPORTE DE CASTELNAU, 1832: Essai Hém., 74. — Typ. gen.: *fuliginosa* (LINNAEUS, 1761)

Synonyme:
Ursocoris HAHN, 1834: Wanz. Ins. **2**, 48 (für *dorsalis*, *fuliginosa*, *litura*)
Arctocoris —GERMAR, 1839 (pt.): Z. Ent. **1**, 46 (für *fuliginosa*, *plagiatus* = *dorsalis*, *tomentosa*)
Odonscelis MULSANT/REY, 1865: Ann. Soc. Linn. Lyon. **12**, 3ol (für *dorsalis*, *fuliginosa*)

Irrtümliche Zuordnungen:

„Der Samojede“ Stoll, 1792: Abb. Beschr. Wanz., 32, Taf. IX. 61 (lt. Kolenati 1846, Mel. ent., fasc. IV, 6 = *Odontoscelis fuliginosa*) = *Irochrotus lanatus* (Pallas, 1793) (Syn. Horvath 1917).

Odontoscelis scarabaeoides: Burmeister 1835, Handb.Ent. **2**, 1. Abt., 385 = *Coreomelas* (= *Thyreocoris*) *scarabaeoides* (Linnaeus, 1758) (Syn. Amyot/Serville 1843).

Odontoscelis schulzii: Burmeister 1835, Handb.Ent. **2**, 1. Abt., 385 = *Coreomelas* (= *Thyreocoris*) schulzii (Fabricius, 1794) (Syn. Amyot/Serville 1843).

Odontoscelis lanata: Gorski 1852, An.Ent., 52 = *Irochrotus lanatus* (Pallas, 1793) (Syn. Horvath 1917).

Odontoscelis maculiventris: Gorski 1852, An.Ent., 52 = *Irochrotus maculiventris* (Germar, 1839) (Syn. Horvath 1917).

Anmerkung:

Bei Germar 1839, Z.Ent. **1**, 36, wurde die Gattung *Odontoscelis* in einem anderen Sinne verwendet, ebenso bei Herrich-Schaeffer 1839, Wanz.Ins. **5**, 33.

Die Gattung *Odontoscelis* (odus = Zahn, skelos = Schienbein) wurde von Laporte de Castelnau 1832 für die von Linnaeus 1761 beschriebene Art *fuliginosa* aufgestellt, die demnach die Typusart der Gattung ist. Allerdings gibt Laporte bei der Kennzeichnung der Gattung u. a. an, daß 2. und 3. Fühlerglied von gleicher Länge sind, ein Merkmal, das nicht zutrifft, da das 3. Glied bei *Odontoscelis* stets kürzer ist als das 2. Andere Merkmale, wie die bedornten Schienbeine, die Kopfform, entsprechen jedoch. Bei der von Laporte synonym zu *fuliginosa* gestellten *Scutellera unicolor* Palisot de Beauvois (1805—21) handelt es sich jedoch nicht um diese Art, da als Fundort St. Dominique und die U.S.A. genannt werden, wo die Gattung *Odontoscelis* nicht vorkommt. *S. unicolor* wurde von Amyot/Serville 1843 in die Gattung *Coreomelas* (= *Thyreocoris*) gestellt.

Odontoscelis wird heute meist innerhalb der Familie der Scutelleridae in die Unterfamilie Eurygastrinae eingeordnet, früher (zum Teil auch noch heute) stand sie innerhalb der Pentatomidae in der Unterfamilie Scutellerinae. Ein wesentliches Kennzeichen der Scutelleridae ist das große und gewölbte Scutellum, das fast das ganze Abdomen bedeckt.

Ein Teil der Arten der Gattung *Odontoscelis* ist von recht einheitlicher Gestalt und Färbung und daher nach äußeren Merkmalen nicht immer leicht zu trennen. Eine relativ sichere Abgrenzung ist jedoch bei den Männchen mit Hilfe der äußeren Genitalien möglich. Doch gehen bei einigen Arten auch hier die Ansichten insofern auseinander, als angenommen wird, daß es sich entweder um jeweils nur eine Art mit größerer Variabilität handelt oder aber um eine Anzahl von Arten. Dies trifft vor allem auf die in der Paläarktis weit verbreitete Typusart *fuliginosa* zu. Schwierig ist in vielen Fällen die Unterscheidung der Weibchen. Sie können jedoch mit einiger Sicherheit mit Hilfe der Form und Punktierung des 8. Tergits, des 8. und 9. Paratergits sowie des 1. Valvifers getrennt werden. Eine Hilfe bei der Bestimmung ist bei manchen Arten auch ihre sehr typische Verbreitung.

Die *Odontoscelis*-Arten haben eine rundlich-ovale und recht kompakte Gestalt, sie sind oben gewölbt und von brauner bis braunschwarzer Färbung mit unterschiedlich ausgedehnter oder auch fehlender gelber Zeichnung. Sie sind ± dicht anliegend, selten auch abstehend weißlich-gelblich behaart, zum Teil bildet die Behaarung auch ± deutliche Reihen, und vor allem ihre Körperränder sind mit längeren abstehenden Haaren besetzt, der Kopfrand trägt kürzere und längere abstehende Haare. Der Körper ist fein punktiert; die Punktierung ist vor allem auf den gelben Flächen gut sichtbar, bei stärker behaarten Arten jedoch schlecht zu erkennen. Die Größe der Arten reicht von etwa 3 bis gut 9 mm Länge, die Weibchen sind im allgemeinen deutlich größer als die Männchen.

Der Kopf ist einfarbig dunkel gefärbt, kurz und breit mit gerundetem Vorderrand. Die verhältnismäßig kleinen, etwas länglichen Augen überragen den Kopfrand vielfach deutlich, bei einigen Arten aber kaum oder gar nicht. Auf dem Scheitel befinden sich zwei Ozellen. Die kurzen Antennen sind gelblich oder auch bräunlich gefärbt, ihr drittes Glied ist jeweils das kürzeste. Das große Pronotum ist deutlich breiter als lang, überragt, seitlich den Kopf und besitzt einen deutlich abgegrenzten Seitenrand sowie eine flache, nicht durchlaufende Querfurche etwa im ersten Drittel, die für die benachbarte Gattung *Irochrotus* typische tiefe Querdelle ist in einigen Fällen schwach angedeutet. Das Pronotum weist vielfach eine dunkle Färbung auf, die zum Teil im hinteren Abschnitt jedoch ± ausgedehnt hell und auch mit einer gelben Mittellinie ausgestattet sein kann. Das gut sklerotisierte Scutellum bedeckt fast den ganzen Hinterleib und die Flügel, von denen lediglich ein kleines Stück der Hemielytren seitlich oben zu sehen ist. Es ist meist dunkel gefärbt, kann jedoch auch aufgehellt sein. Typisch für viele Arten ist eine ± durchlaufende gelbe Mittellinie sowie zwei längliche gelbe Seitenflecke von unterschiedlicher Breite, die fein dunkel punktiert sein können und innen in der Regel von einem sammetschwarzen Rand unterschiedlicher Breite begrenzt werden. Vor allem bei den Weibchen kann das Scutellum auch ausgedehnt gelblich gefärbt sein. Die Beine sind von dunkler, Schenkel und dreigliedrige Tarsen zum Teil auch von etwas hellerer Färbung und locker behaart. Die Schienen tragen neben der Behaarung kleine Dornen. Die Ventralseite der Tiere ist dunkel gefärbt und behaart. Typisch für die Männchen der *Odontoscelis*-Arten sind die auch von einigen anderen Gattungen der Eurygastrinae her bekannten vertieften Drüsenfelder jeweils seitlich auf dem 4.—6. Sternit, die bei der Fortpflanzung eine Rolle spielen. Es handelt sich dabei um Drüsen, die ein aphrodisierendes Pheromon absondern und den von Lepidopteren her bekannten Duftschuppen (Androgonien) vergleichbar sind.

Die äußeren Geschlechtsorgane der Männchen sind im allgemeinen jeweils recht typisch gebaut und eine Trennung der Arten ist vor allem mit Hilfe der Anhänge der Phalli möglich. Dagegen sind die Parameren für die Bestimmung kaum von Wert, da sie recht unspezifisch und zum Teil bei einzelnen Arten recht ähnlich ausgebildet sind. Der Phallus ist von länglicher Gestalt, oder auch mehr gedrungen und besteht aus der etwas stärker sklerotisierten Phallotheca, in die in Ruhe die mehr membranöse Conjunctiva eingestülpt ist (nach TUXEN 1970). Letztere wird unterteilt in die Basi- und die Disticonjunctiva; Basiconjunctiva und Phallotheca zusammen werden auch als Phallosoma bezeichnet, dessen Ende durch das bei den *Odontoscelis*-Arten etwa schneckenförmig gestaltete Ejaculationsreservoir gekennzeichnet ist. Daran schließt sich das aus Disticonjunctiva und Vesica bestehende Endosoma an, jedoch ist die Vesica bei der Gattung *Odontoscelis* nur wenig ausgebildet und vielfach schlecht zu erkennen. An der Conjunctiva setzen zwei, zum Teil auch drei Paar ± stark sklerotisierte Anhänge an, die in bezug auf Form und Größe unterschiedlich und artspezifisch ausgebildet sind. Sie werden bei der Kopula abgespreizt und dienen wahrscheinlich der Verankerung des Phallus in der Vagina der Weibchen. Die aus dem 9. Segment gebildete Pygophore ist wenig artspezifisch.

Bei den Weibchen sind von hinten unten sichtbar das 8. Paratergit mit dem letzten Abdominalstigma, das 9. Paratergit und der 1. große Valvifer, alle sind punktiert und mit Haaren unterschiedlicher Länge besetzt, dagegen sind die Valvulae wie auch die 2. Valviferae klein und nur wenig oder gar nicht von hinten zu sehen. Die Punktierung ist bei den einzelnen Arten unterschiedlich dicht bzw. fehlt an bestimmten Stellen, was auch für das 8. Tergit zutrifft. Paratergite und 1. Valviferae sind ± deutlich artspezifisch ausgebildet. Die Spermatheca ist recht groß, aber wenig unterschiedlich gestaltet. Die Eier sind groß und kugelrund, ihre Ablage erfolgt wahrscheinlich an Pflanzenteilen oder am Boden.

Die Arten der Gattung *Odontoscelis* sind in der Paläarktis mit Schwerpunkt Süden und Südosten, ferner im Norden der aethiopischen Region bis zum Sudan und nach Senegal hin verbreitet, ein großer Teil der Arten lebt in Afrika und Asien. Die Tiere sind vorzugsweise am Boden unter Pflanzen und Steinen zu finden. Unter hiesigen Verhältnissen überwintern sie wahrscheinlich als größere Larven und als Imagines, die Eiablage erfolgt dann im späten Frühling und im Sommer.

Nach Größe, Färbung und Bau des Phallus läßt sich die Gattung *Odontoscelis* in drei

Artengruppen unterteilen, nämlich die *fuliginosa*-, die *dorsalis*- und die *hispidula*-Gruppe. Von diesen drei Gruppen stehen sich die *fuliginosa*- und *dorsalis*-Gruppe relativ nahe, dagegen weicht die *hispidula*-Gruppe in bezug auf Färbung und Phallusbau stärker ab und stellt vielleicht eine eigene Untergattung dar.

a) *fuliginosa*-Gruppe: Sie enthält die fünf Arten: *byrrhus*, *fuliginosa*, *iberica*, *litura* und *montandoni*. Es handelt sich dabei um die durchschnittlich größten Arten der Gattung von ca. 5,7 bis gut 9 mm Länge, von brauner Färbung und in der Regel, zumindest bei den Männchen, mit gelber Pronotum- und Scutellum-Zeichnung. Der Phallus dieser Art ist langgestreckt und seine Anhänge sind relativ lang und schlank, das 1. Paar setzt vor dem Ejaculationsreservoir an. Die weiblichen Genitalsegmente sind breiter als lang, und der 1. Valvifer ist mit einem relativ breiten, wenig klerotisierten Außenrand versehen. Die Arten sind vor allem in Europa und Asien verbreitet, die südlichsten Fundorte liegen in Syrien (*byrrhus*), Ägypten und Arabien (*litura*) und Nordafrika (*fuliginosa*, *montandoni*).

b) *dorsalis*-Gruppe: In dieser Gruppe stehen die vier Arten: *dorsalis*, *lineola*, *minuta* und *signata*. Das sind durchschnittlich kleinere Tiere von etwa 3,5 bis knapp 6 mm Länge und ebenfalls brauner Färbung mit gelber Zeichnung des Pronotums und Scutellums. Der Phallus ist kürzer und mehr gedrungen, seine vorderen Anhänge sind recht zierlich gebaut und setzen ebenfalls vor dem Ejaculationsreservoir an. Die hinteren Anhänge sind entweder relativ kurz und gedrungen und überragen den Phallus nur wenig, oder sie sind schlanker und stärker gebogen und deutlich länger als der Phallus. Die Genitalsegmente der Weibchen sind ebenfalls etwas breiter als lang mit relativ breitem, wenig sklerotisiertem Außenrand. Die Arten sind in Europa, Afrika, Arabien und Asien verbreitet, der südlichste Fundort liegt im Sudan bzw. Irak (*dorsalis*), der östlichste im Kaukasusgebiet (*minuta*).

c) *hispidula*-Gruppe: In dieser Gruppe sind folgende Arten vertreten: *hispidula*, *tomentosa*, *vittata* und *zarudnyi*. Es sind kleine Arten von knapp 4 bis knapp 6 mm Länge von einheitlich dunkler Färbung ohne gelbe Zeichnung und mit relativ dichter und zum Teil auch abstehender Behaarung. Der Phallus ist kurz und gedrungen, die Anhangspaare sind fast alle asymmetrisch gebaut und das hintere Paar ist stark geschwungen, bei allen setzen die Conjunctiva-Anhänge relativ weit hinten an. Zwei Arten der Gruppe, nämlich *tomentosa* und *vittata*, besitzen als einzige der Gattung *Odontoscelis* drei Paar von Phallusanhängen und nicht wie die übrigen Arten nur zwei Paare. Die weiblichen Genitalsegmente sind gestreckt und länger als breit, ihr schwach sklerotisierter Außenrand ist nur schmal. Zwei Arten sind bisher nur aus Afrika bekannt (*tomentosa*, *vittata*), die anderen beiden vor allem aus Asien und SO-Europa, der westlichste Fundort ist der Neusiedler See in Österreich (*hispidula*).

Charakterisierung der Arten
fuliginosa-Gruppe

1. byrrhus SEIDENSTÜCKER, 1972

Odontoscelis byrrhus SEIDENSTÜCKER, 1972: Mitt. Münch. ent. Ges., **61**, 111, Fig.
Typen: bei Kayseri, Ali-Dagh/Mittelanatolien, 15. 6. 1962; Holotypus ♂, Coll. SEIDENSTÜCKER – Paratypen: 28 ♂♂, 30 ♀♀, verschiedene Fundorte in der Türkei (bei Kayseri, Ankara-Baraj, Ankara-Gölbaschi und Ulukischla), Mai bis Juli in verschiedenen Jahren; Coll. SEIDENSTÜCKER, Coll. LINNAVUORI.

Die Art wurde 1972 von SEIDENSTÜCKER nach Tieren aus der Türkei (Anatolien) beschrieben. Sie hat große Ähnlichkeit mit *fuliginosa* und wurde sicher bisher mit dieser verwechselt. Sie ist jedoch durch die männlichen Genitalsegmente sicher abzugrenzen. Ein Teil der Paratypen konnte überprüft werden.

Schwarzbraun gefärbte, größere Art mit variabler gelber Zeichnung, auch einfarbig dunkel, mit anliegender gelblich-bräunlicher Behaarung und mit längeren abstehenden Haaren vor allem an den Körperrändern. Interessanterweise zeigten die in der Mongolei gefangenen

Tiere eine recht dichte, deutlich abstehende kurze, bräunliche Behaarung der Körperoberfläche, die ich bei Tieren anderer Herkunft nicht feststellen konnte; eventuell handelt es sich bei dem mongolischen Material um frisch geschlüpfte Tiere. Allerdings weichen die mongolischen Exemplare zum größten Teil auch sonst von den üblichen *byrrhus* ab, einmal durch ihre durchschnittlich geringere Größe, zum anderen durch ihre männlichen Genitalsegmente. Ob es sich dabei um eine mongolische Unterart von *byrrhus* handelt, wage ich jedoch nicht zu entscheiden.

Kopf einfarbig schwarzbraun, Augen den Seitenrand des Kopfes deutlich überragend. Pronotum zum Teil einfarbig dunkel gefärbt, zum Teil aber auch mit unterschiedlich langer gelber Mittellinie bzw. gelber Fleckung im hinteren Abschnitt. Scutellum selten mit durchlaufender gelber Mittellinie, die gelben Seitenstreifen bei den Männchen relativ schmal, bei den Weibchen zum Teil breiter, braun punktiert und innen, zum Teil wenig ausgeprägt, schwarz gesäumt, im Vergleich mit *fuliginosa* sind die gelben Seitenstreifen bei *byrrhus* im allgemeinen etwas gerader und kürzer als bei dieser Art, Scutellum bei den Weibchen zum Teil auch mit ausgedehnterer gelber Fleckung. Beine und Unterseite sind dunkel gefärbt. Größe: Männchen: 5,9—8,5 mm lang: 3,8—5,5 mm breit,

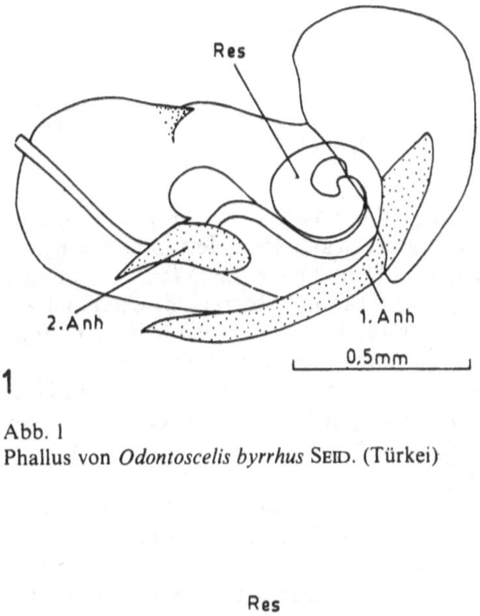

1

Abb. 1
Phallus von *Odontoscelis byrrhus* SEID. (Türkei)

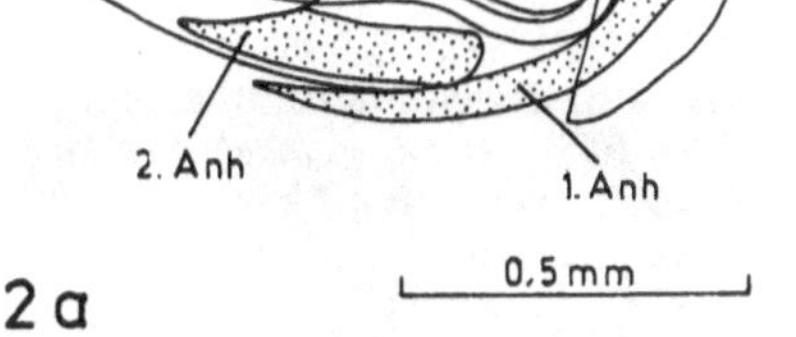

2a

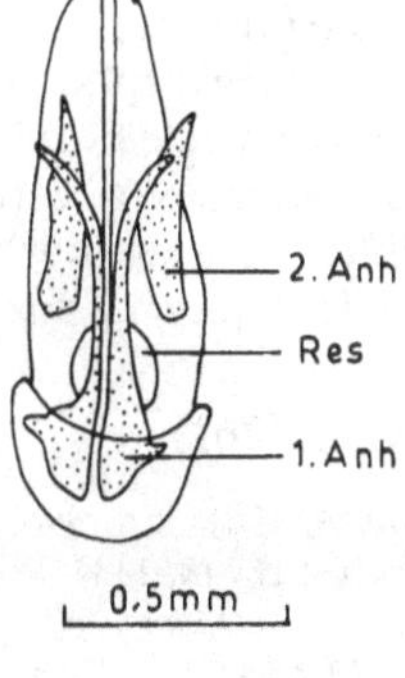

2b

Abb. 2
Phallus von *Odontoscelis byrrhus* SEID. (Mongolei). a) Seitenansicht; b) Ansicht von oben (Ventralseite)

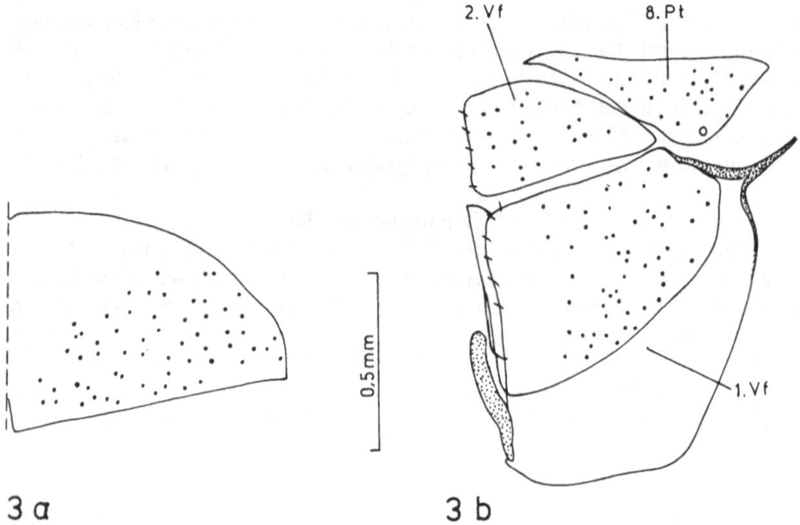

Abb. 3
Genitalsegmente der Weibchen von *Odontoscelis byrrhus* SEID. (Rhodos)
a) 8. Tergit; b) 8. und 9. Paratergit mit 1. Valvifer (s. S. 127)

Weibchen: 7,0–8,6 mm lang: 4,8–5,9 mm breit.

Genitalsegmente: Männchen: Die beiden Anhänge der Basiconjunctiva sind lang und schlank, sind kürzer als die Conjunctiva und überragen des 2. Paar der Anhänge nicht. Dieses ist relativ kurz und kräftig gebaut mit im letzten Drittel nach unten (bei Dorsallage) abgebogenem angespitztem Ende. Der Ductus ist gut sichtbar und überragt die Conjunctiva. Bei den in der Mongolei gefundenen Tieren ist das hintere Paar der Conjunctiva-Anhänge meist etwas schlanker und seine Spitze ist nicht nach unten gerichtet. Weibchen: 8. Tergit beidseitig im hinteren Abschnitt punktiert, mittlerer Teil ohne Punktierung. 8. Paratergit etwa dreieckig, obere Kante ohne Punktierung, 9. Paratergit locker punktiert. 1. Valvifer etwa so breit wie lang mit breitem wenig sklerotisiertem Außenrand, sklerotisierter Abschnitt spärlich punktiert, innere Kante ohne Punktierung.

Verbreitung: Nach vorliegendem Material wurde die Art festgestellt in Dalmatien, Albanien, Griechenland, Insel Zante, Kreta, Rhodos, auf den Zykladen, in Syrien und in der Mongolei, nach der Literatur kommt sie auch in Rumänien vor. Interessanterweise erwiesen sich alle aus der Mongolei geprüften Exemplare als *byrrhus*, und zwar mit einer Ausnahme als die von *byrrhus* abweichende Form. Funde von *fuliginosa* konnten nicht bestätigt werden, eine Feststellung, die KERZHNER bereits 1976 machen konnte. Die mongolischen Fänge stammten zum größten Teil aus Barberfallen und Gelbschalen und zwar aus der Steppe, der Waldsteppe und der alpinen Zone in Höhen von ewa 1300—ca. 2300 m ü. NN.

2. fuliginosa (LINNAEUS, 1761)

Cimex fuliginosa LINNAEUS, 1761: Fn. Svecica, 246 — *Tetyra fuliginosa*: FABRICIUS, 1803, Syst. Rhyng., 139 – *Ursocoris fuliginosus*: HAHN, 1834. Wanz. Ins., **2**, 49, Taf. XLVI. 142 – *Arctocoris fuliginosus*: GERMAR, 1839, Z. Ent., **1**, 47 — *Odontoscelis fuliginosa*: BURMEISTER, 1835, Handb. Ent., **2**, 1. Abt., 385.
Typen: Calmariae, A. MODER; 2 ♀♀ (Syntypen), Coll. Linnean Society London.
Synonyme:
Tetyra carbonaria ZETTERSTEDT, 1819: Handb. Soc. Vet. Ak., **1819**, 70. – Typus: Östergöthland b. Lärketorp nahe Skenninge; Holotypus ♂, Zool. Mus. Lund (Syn. LETHIERRY/SEVERIN 1893 als *fuliginosa* var. *carbonaria*).

Odontoscelis fuliginosa var. *caucasica* KOLENATI, 1846: Mel. ent., fasc. IV, 7. – Typus: Caucasi occidentalis arenosis; Verlust (Syn. nov.).
Odontoscelis fuliginosa var. *pallasii* KOLENATI, 1846: Mel. ent., fasc. IV. 7. – Typus: Caucasi Lhesgici et propre mare Caspium; Verlust (Syn. nov.).
Odontoscelis osellai VLACH, 1982: Boll. Mus. Stor. nat. Verona, **8**, 358. – Typen: Alpi Cozie, Val Pellice Colle della Croce 2200 m, VII. 1968, leg. G. OSELLA; Holotypus ♂, Mus. Verona – Paratypen: verschiedene Fundorte in den Alpen; Coll. Mus. Verona, Coll. HEISS, TAMANINI und VLACH (Syn. nov.).
Odontoscelis tamaninii VLACH, 1982: Boll. Mus. Stor. nat. Verona, **8**, 360. – Typen: Spagna, Oropesa del Mar (Castellón d La Plana), 27. VII. 1981, leg. M. RIZZOTTI VLACH; Holotypus ♂, Mus. Verona – Paratypen: Fundorte in Spanien; 2 ♂♂, 2 ♀♀ Coll. TAMANINI und VLACH.

Die Art wurde 1761 von LINNAEUS nach Material aus Calmariae (Ostgotland), A. MODER, beschrieben. Die Typen, zwei Weibchen, befinden sich in der Sammlung der Linnean Society London und wurden freundlicherweise von Dr. W. R. DOLLING, Brit. Mus. London, überprüft. Dr. DOLLING stellte mir außerdem Fotos der beiden Exemplare zur Verfügung, die relativ dunkle, kleinere Tiere zeigen.

Odontoscelis carbonaria wurde von ZETTERSTEDT nach einem Männchen aus Östergöthland beschrieben. Wie die Überprüfung ergab, handelt es sich dabei um ein dunkles Exemplar von *O. fuliginosa*, eine Färbung, die gerade bei dieser Art öfter zu beobachten ist.

Die beiden von KOLENATI beschriebenen Varietäten *caucasica* und *pallasi* halte ich ihrer Verbreitung nach für *O. fuliginosa*; die Typen sind leider nicht auffindbar.

Odontoscelis osellai bzw. *tamaninii* wurden von VLACH nach Tieren aus den Alpen bzw. Spanien beschrieben. Ich halte beide für Synonyma zu *fuliginosa*, da diese Art in verschiedenen Gebieten vor allem in bezug auf den Bau der Phallusanhänge variiert. Auch Dr. VLACH teilt diese Meinung (nach brieflicher Mitteilung).

Bei *fuliginosa* handelt es sich um eine der größeren Arten der Gattung *Odontoscelis*. Sie ist von brauner bis braunschwarzer Färbung mit unterschiedlich ausgedehnter gelber Zeichnung des Scutellums und Pronotums; die Gelbfärbung kann auch völlig fehlen, oder sie kann auch, wie vor allem bei den Weibchen, stärker ausgedehnt sein. Die Tiere sind fein braun punktiert und anliegend gelblich-weißlich behaart. Die Art variiert beträchtlich in bezug auf Größe und Färbung.

Der Kopf ist meist einfarbig braun, bei helleren Exemplaren auch mittelbraun gefärbt, die Augen überragen den Kopfrand deutlich. Die Fühler sind von bräunlicher Färbung. Das Pronotum ist im vorderen Abschnitt meist dunkler gefärbt als im hinteren, der gelbe Mittelstreifen von unterschiedlicher Länge oder auch fehlend. Das Scutellum ist bei den Männchen vielfach von brauner Farbe mit einem schmalen gelben Mittelstreifen unterschiedlicher Länge, der am Ende schwarz umrandet ist; die gelben Seitenstreifen sind in der Regel relativ schmal, zum Teil etwas geschwungen, dunkel punktiert und sehr oft innen von einem schwarzen Streifen gesäumt, der länger als der gelbe ist. Im allgemeinen ist das Scutellum der Männchen dunkler als das der Weibchen, bei denen es vielfach braungelb marmoriert oder auch hellbraun gefärbt sein kann mit nur wenigen dunklen Flecken im Bereich des dunklen Mittelfleckens und Seitenstreifens; doch kommen auch hier fast einfarbige dunkle Exemplare vor. Die Unterseite und die Beine sind von dunkler Färbung.

Größe: Männchen: 5,7–7,7 mm lang: 3,8–5,1 mm breit,
Weibchen: 6,2–8,4 mm lang: 4,3–5,6 mm breit.

Genitalsegmente: Männchen: Die Art *fuliginosa* ist die in der Paläarktis am weitesten verbreitete Art der Gattung *Odontoscelis*. Vielleicht dadurch bedingt, kann bei ihr eine relativ große Varabilität der Form der Phallusanhänge festgestellt werden, die für bestimmte Gebiete jedoch weitgehend konstant ist. Ob es sich dabei um Populationen oder um Unterarten handelt, wage ich nicht zu entscheiden (siehe auch DANILOVITSH). So läßt sich eine westliche von einer östlichen Gruppe unterscheiden. Die Verbreitungsgrenze zwischen beiden fällt ungefähr mit der geographischen Ostgrenze Mitteleuropas zusammen und ver-

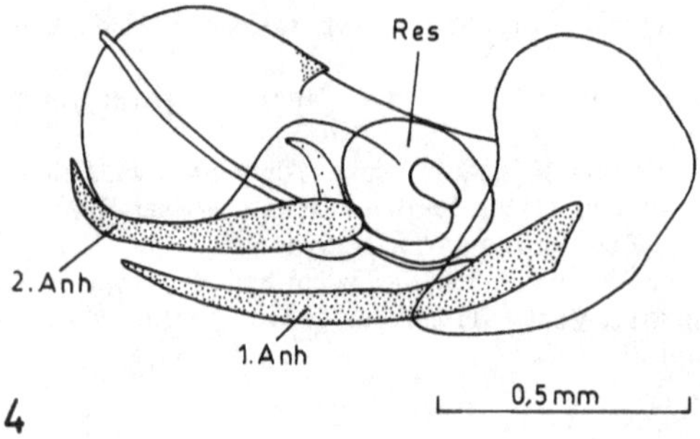

4

Abb. 4
Phallus von *Odontoscelis fuliginosa* (L.) (Thüringen)

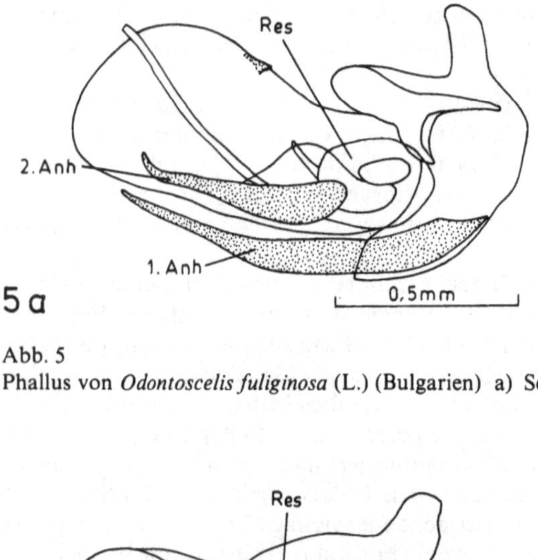

5 a

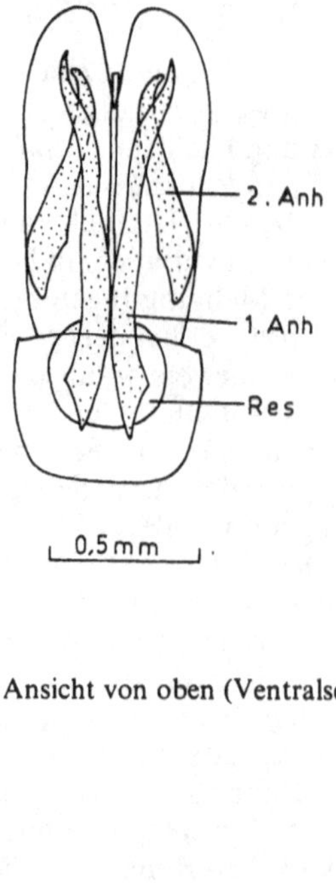

5 b

Abb. 5
Phallus von *Odontoscelis fuliginosa* (L.) (Bulgarien) a) Seitenansicht; b) Ansicht von oben (Ventralseite)

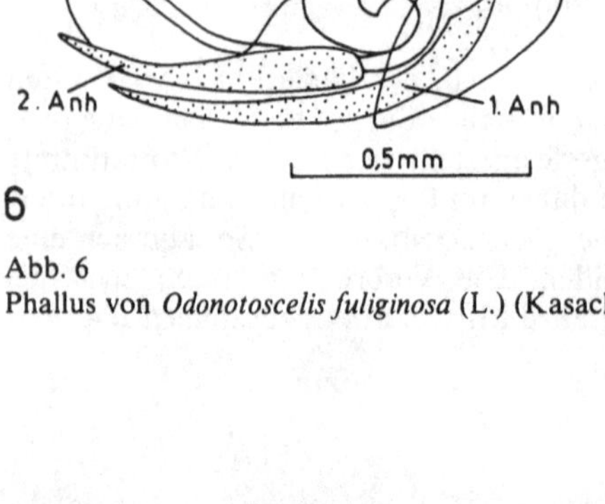

6

Abb. 6
Phallus von *Odonotoscelis fuliginosa* (L.) (Kasachstan)

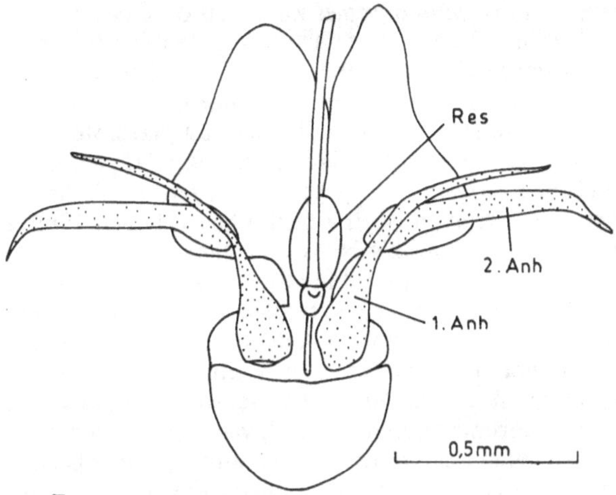

7

Abb. 7
Phallus von *Odontoscelis fuliginosa* (L.) (Kokand), ausgestülpt

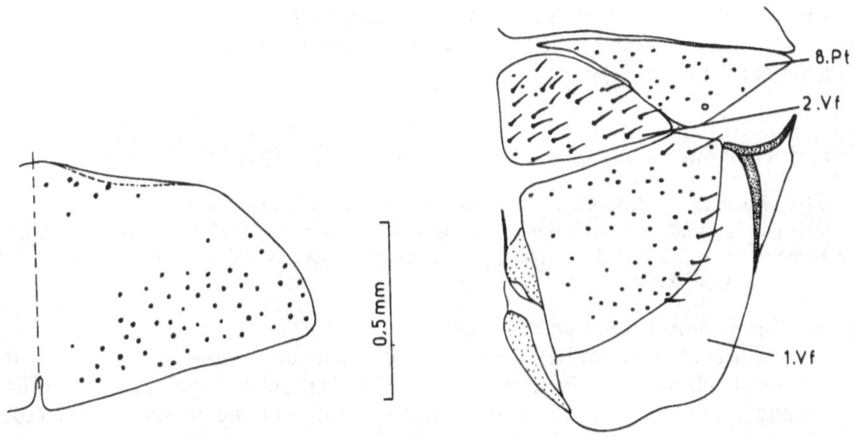

8 a 8 b

Abb. 8
Genitalsegmente der Weibchen von *Odontoscelis fuliginosa* (L.) a) 8. Tergit; b) 8. und 9. Paratergit mit 1. Valvifer (s. S. 127)

läuft etwa durch Polen, die ČSSR und Jugoslawien; der östlichste Vertreter der Ortsgruppe stammte aus Formosa. Interessanterweise ist die westliche Gruppe im Süden weiter östlich verbreitet als im Norden, so konnten im Kaukasusgebiet der westlichen Gruppe stark genäherte Formen gefunden werden. Das geprüfte zentralasiatische Material (Kasachstan, Kirgisien) gehörte zu einer dritten Gruppe, zu der meiner Ansicht nach auch die ukrainischen Vertreter der Art gehören.

Bei allen drei Gruppen ist der Phallus langgestreckt und relativ kompakt, und der Ductus überragt, umgeben von der Vesica, die Conjunctiva. Das Anhangspaar der Basiconjunctiva ist stets schlank und langgestreckt mit spitzem Ende und immer kürzer als die Conjunctiva. Es ist bei den westlichen Vertretern der Art wie auch bei den zentralasiatischen Tieren kürzer als das zweite hintere Anhangspaar der Conjunctiva, während es dieses bei den geprüften östlichen Vertretern der Art überragt oder zumindest von gleicher Länge ist. Die hinteren beiden Anhänge sind bei der westlichen Gruppe so lang wie die nicht ausgestülpte Conjunctiva und am Ende deutlich nach oben gebogen (Dorsallage); gut ausgeprägt ist dies vor allem bei der von VLACH beschriebenen *tamaninii*. Dagegen überragen die Anhänge bei der östlichen Gruppe die Conjunctiva nicht, auch ist ihre nach oben gebogene Spitze kürzer und ihr Anfangsteil gedrungener und kräftiger als bei der westlichen Gruppe. Bei den zentralasiatischen Vertretern von *fuliginosa* ist das hintere Paar der Conjunctiva-Anhänge etwa von gleicher Länge wie die Conjunctiva, ihre Spitze ist im allgemeinen jedoch kaum gebogen. Bei allen Vertretern von *fuliginosa* setzt das hintere Anhangspaar jedoch relativ weit vorn an der Conjunctiva an, so daß seine freien Spitzen relativ lang sind.

Der ventrale Hinterrand der Pygophore ist bei *fuliginosa* nur schwach ausgebuchtet im Gegensatz zu anderen Arten mit stärker gerundetem Hinterrand, wie z. B. bei *lineola*.

Weibchen: Bei den Weibchen lassen sich keine Unterschiede der Genitalsegmente bei den einzelnen Gruppen feststellen. Bei allen ist jeweils nur der seitliche hintere Abschnitt des 8. Tergits punktiert, seine Mitte und die vorderen seitlichen Teile sind dagegen praktisch ohne Punktierung oder weisen nur wenige Punkte am Vorderrand auf. Der 1. Valvifer ist breit mit breitem wenig sklerotisiertem Außenrand.

Biologie: Die Fangdaten lagen in den Monaten Mai bis August. Die Tiere leben am Boden unter krautigen Pflanzen und Gräsern.

Verbreitung: Die Art ist in der Paläarktis von Nordafrika bis nach Formosa und Indien hin verbreitet, Funde aus Arabien und dem östlichen Nordafrika lagen mir nicht vor, auch fehlt ein Nachweis für die Mongolei.

3. **iberica** KOLENATI, 1846

Odontoscelis fuliginosa var. *iberica* KOLENATI, 1846: Mel. ent., fasc. IV, 7 – *Odontoscelis iberica* (stat. nov.)
Typen: Iberiae; nicht auffindbar – Neotypus: Portugal, Gines, dunes, 8.V.1970, P. ARDOIN; ♂, Mus. Berlin — Paraneotypen: 3 ♀♀ wie Neotypus (1 ♀ Coll. PÉRICART) Andalusien, Rota (Cadiz), VII. 1957, Gras: 2 ♂♂, 3 ♀♀, Coll. RIBES.

Odontoscelis iberica wurde 1846 von KOLENATI aus Spanien als Varietät von *fuliginosa* beschrieben (mit einer Längenangabe); der Typus ist nicht auffindbar. Von den auf der Iberischen Halbinsel gefundenen Tieren war der größte Teil zwar *fuliginosa* sehr ähnlich, wich aber in bezug auf den Bau der Phallusanhänge konstant von dieser Art ab; es handelt sich dabei um durchschnittlich recht große Tiere. Da KOLENATI bei der Beschreibung ebenfalls ein relativ großes Exemplar vorlag, halte ich es für sehr wahrscheinlich, daß es sich dabei um die meiner Ansicht nach selbständige Art *iberica* gehandelt hat; sie kommt neben *fuliginosa* in Spanien und Portugal vor. Die Festlegung eines Neotypus erfolgte nach einem Tier aus Portugal.

Es handelt sich bei *iberica* um eine der großen *Odontoscelis*-Arten von recht gleichmäßiger Größe. Sie ist dunkelbraun gefärbt mit ± stark ausgeprägter Zeichnung, schwach glänzend, fein punktiert und anliegend spärlich fein behaart; Weibchen relativ häufig auch einfarbig.

Der Kopf ist braun gefärbt, breit gerundet, und die Augen überragen deutlich den Kopfrand. Die Fühler sind bräunlich gefärbt. Das Pronotum ist vielfach einfarbig dunkelbraun, zum Teil auch hinten aufgehellt oder gelblich gefleckt und zeigt eine kurze gelbe Mittellinie. Das Scutellum ist meist dunkelbraun, selten gelb gefleckt, und besitzt eine nicht durchlaufende gelbe Mittellinie, die zum Teil am Ende verbreitert und dort schwarz gesäumt ist, Mittellinie teilweise auch nur punktförmig vorn und hinten bzw. nur hinten vorhanden, gelbe Seitenstreifen zum Teil sehr breit und vielfach etwas nach innen geschwungen und braun punktiert, innen und unten von stumpfschwarzer Linie begrenzt, zum Teil auch nur als einzelne Felcken vorhanden. Männchen im allgemeinen stärker ausgeprägt gelb gezeichnet.

Größe: Männchen: 7,2—8,2 mm lang: 4,8—5,5 mm breit.
Weibchen: 7,7—8,9 mm lang: 5,4—6,2 mm breit.

Genitalsegmente: Männchen: Phallus langgestreckt; vorderes Paar der Conjunctiva-Anhänge schlank und langgestreckt, am Ende spitz zulaufend und kürzer als der Phallus. Hinteres Paar, etwa am Ende des Ejakulationsreservoirs beginnend, ist bei Seitenansicht am Anfang relativ breit, jedoch nicht in voller Breite dunkel sklerotisiert und läuft in eine schlanke etwas nach oben zeigende Spitze aus, die das Ende des Phallus in der Regel nicht erreicht; es setzt relativ weit hinten an der Conjunctiva an, so daß seine freien Spitzen recht kurz sind.

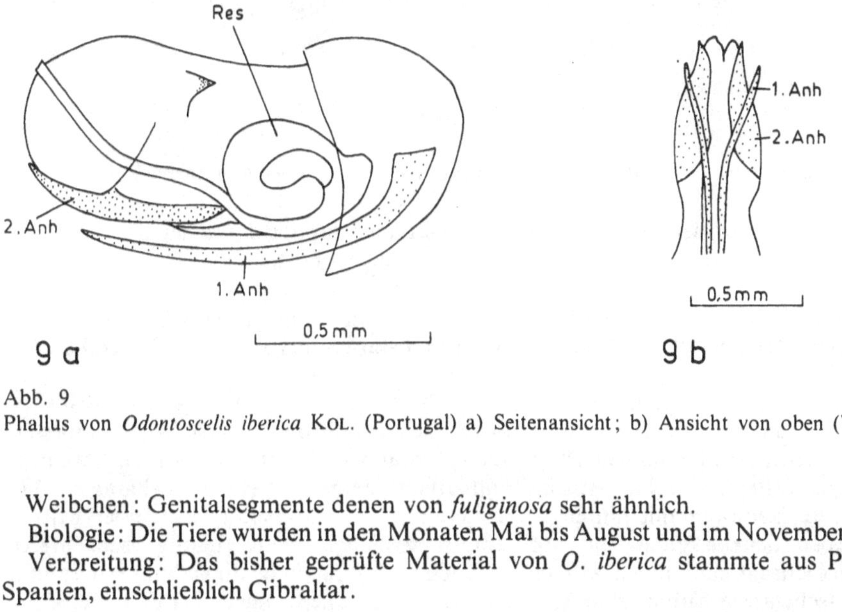

Abb. 9
Phallus von *Odontoscelis iberica* KOL. (Portugal) a) Seitenansicht; b) Ansicht von oben (Ventralseite)

Weibchen: Genitalsegmente denen von *fuliginosa* sehr ähnlich.

Biologie: Die Tiere wurden in den Monaten Mai bis August und im November gesammelt.

Verbreitung: Das bisher geprüfte Material von *O. iberica* stammte aus Portugal und Spanien, einschließlich Gibraltar.

4. litura (FABRICIUS, 1775)

Cimex litura FABRICIUS, 1775: Syst. Ent., 700 – *Tetyra litura*: FABRICIUS 1803, Syst. Rhyng., 139 – *Ursocoris liturus*: HAHN 1834, Wanz. Ins., **2**, 50, Taf. XLVI. 143 – *Odontoscelis litura*: BURMEISTER 1835, Handb. Ent., **2**, 1. Abt., 385 – *Odontoscelis fuliginosa*: FIEBER 1861, Eur. Hem., 378 – *Odontoscelis litura*
Typus: Arabia, FORSKAHL; Mus. Kopenhagen, Verlust — Neotypus: Ninawa/Irak, Quosh, 10. V. 1981, R. LINNAVUORI; ♂, Coll. LINNAVUORI – Paraneotypus: wie Neotypus.

Die Art wurde 1775 von FABRICIUS aus Arabien, Dom. Prof. FORSKAHL beschrieben. Der Typus ist verloren gegangen (nach ZIEMSEN, 1964, und Auskunft Mus. Kopenhagen). Die Art sieht *fuliginosa* sehr ähnlich, unterscheidet sich aber deutlich in den Genitalien der Männchen. Ich halte sie daher für eine selbständige Art, ein Ergebnis, zu dem unabhängig von mir auch Dr. VLACH gekommen ist. Bei der Beschreibung der Art könnte FABRICIUS allerdings auch die ebenfalls in diesem Gebiet vorkommende *dorsalis* vorgelegen haben. Er gibt an, daß *litura* zwar *fuliginosa* ähnlich, jedoch etwas kleiner als diese Art ist,

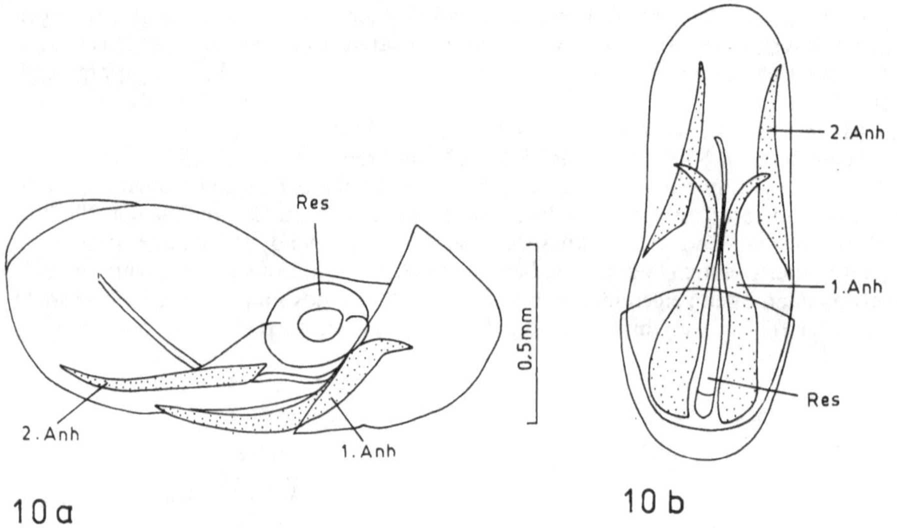

Abb. 10
Phallus von *Odontoscelis litura* F. (Irak) a) Seitenansicht; b) Ansicht von oben (Ventralseite)

bezeichnet aber *litura* größer als *dorsalis*. Ich nehme daher an, daß *litura* der Beschreibung zugrunde lag. Der von mir festgelegte Neotypus stammt aus dem Irak, leg. Prof. LINNAVUORI.

Größere dunkelbraune Art, äußerlich *O. fuliginosa* sehr ähnlich, jedoch Gelbfärbung bei den vorliegenden Exemplaren meist intensiver und stärker ausgedehnt, anliegend locker hell behaart.

Kopf dunkelbraun, breit gerundet, Augen den Kopfrand überragend anliegend locker hell behaart, Ränder mit lockerer, relativ langer Behaarung und dichtstehenden Borsten besetzt. Die Antennen sind bräunlich. Pronotum von brauner Färbung, der hintere Abschnitt zum Teil etwas aufgehellt, selten ist eine undeutliche gelbe Mittellinie vorhanden. Das Scutellum ist dunkelbraun mit hinten verbreiterter, nicht durchlaufender gelber Mittellinie, die gelben Seitenstreifen sind von unterschiedlicher Breite (häufig recht breit), am Ende abgeschrägt und innen kürzer als außen, durchgängig dunkel punktiert und innen sammetschwarz gesäumt, zum Teil sind sie etwas geschwungen; bei den Weibchen auch stärker aufgehellt. Die Beine und die Ventralseite ist dunkelbraun gefärbt, Coxen und Bauch teilweise etwas aufgehellt.

Größe: Männchen: 6,4–7,3 mm lang: 4,3–4,8 mm breit,
Weibchen: 6,8–8,5 mm lang: 4,5–5,4 mm breit.

Genitalsegmente: Männchen: Phallus langgestreckt, vorderes Paar der Conjunctiva-Anhänge relativ kurz und schlank, etwa bis zur Phallusmitte reichend und am Ende zugespitzt, bei Seitenansicht schwach ventralwärts gebogen, bei Aufsicht am Ende zunächst genähert, die Spitzen dann auseinanderweichend und jeweils nach außen gebogen, hinteres Paar kurz und schlank von etwas variabler Länge; es beginnt etwa am Ende des Reservoirs, verläuft ± gerade und ist kürzer als der Phallus.

Weibchen: *Odontoscelis fuliginosa* ähnlich.

Biologie: Das mir vorliegende Material wurde, soweit es Funddaten trägt, in den Monaten Mai bis Juli und im September gesammelt.

Verbreitung: Bisher wurde *O. litura* festgestellt in Ägypten, auf Zypern, im Osten der Türkei, in Syrien und im Irak. Die Funde von *O. fuliginosa* müßten überprüft werden, da diese Art hier möglicherweise durch *litura* ersetzt wird.

5. **montandoni** Kis, 1979

Odontoscelis montandoni Kis, 1979: Trav. Mus. Hist. nat. „G. Antipa", **20**, 207, Fig.
Typen: Tebessa/Algerien, leg. J. Vauloger; Holotypus ♂, Mus. Bukarest – Paratypen: 3 ♀♀ wie Holotypus (1 Exemplar als Allotypus bezeichnet), 2 ♀♀ Oran/Algerien, leg. P. Mathieu.

Die Art wurde 1979 von Kis nach Material aus dem westlichen Nordafrika beschrieben. Der Holotypus sowie ein Teil der Paratypen konnten überprüft werden. Ich halte *O. montandoni* für eine selbständige Art im Gegensatz zu Danilovitsh, der sie zu *fuliginosa* stellt. Sie gehört zwar zu der *fuliginosa*-Gruppe, zeigt aber konstante Unterschiede und kommt neben *fuliginosa* in demselben Gebiet vor.

Es handelt sich bei *O. montandoni* um die größte Art der Gattung von dunkelbrauner Färbung mit unterschiedlich ausgedehnter gelber Zeichnung und lockerer gleichmäßiger kurzer Behaarung, die Randbehaarung ist relativ kurz.

Kopf dunkelbraun, breit gerundet, Augen den Kopfrand relativ wenig überragend und tiefer versenkt als bei *fuliginosa*, Kopfrand vor den Augen schräg nach innen verlaufend. Antennen dunkelbraun. Pronotum braun mit wenig sichtbarer gelber Mittellinie. Scutellum dunkelbraun mit etwas erhabener, oft fast einfarbig dunkler Mittellinie oder auch nur am Ende gelb und dort von stumpfen schwarzen Flecken begrenzt, gelbe Seitenstreifen kaum oder gar nicht ausgebildet, innen daneben mit stumpfen schwarzen Flecken. Beine dunkelbraun, ebenso die Unterseite.

Größe: Männchen: 7,4–8,3 mm lang: 4,8–5,7 mm breit,
Weibchen: 8,4–9,2 mm lang: 6,0–6,5 mm breit.

Genitalsegmente: Männchen: Phallus langgestreckt, die beiden Anhänge der Basiconjunctiva zum Ende hin spitz zulaufend, kürzer als die der Disticonjunctiva, diese kräftig mit gedrehtem spitzem Ende mit nach außen zeigender Spitze und den Phallus überragend.

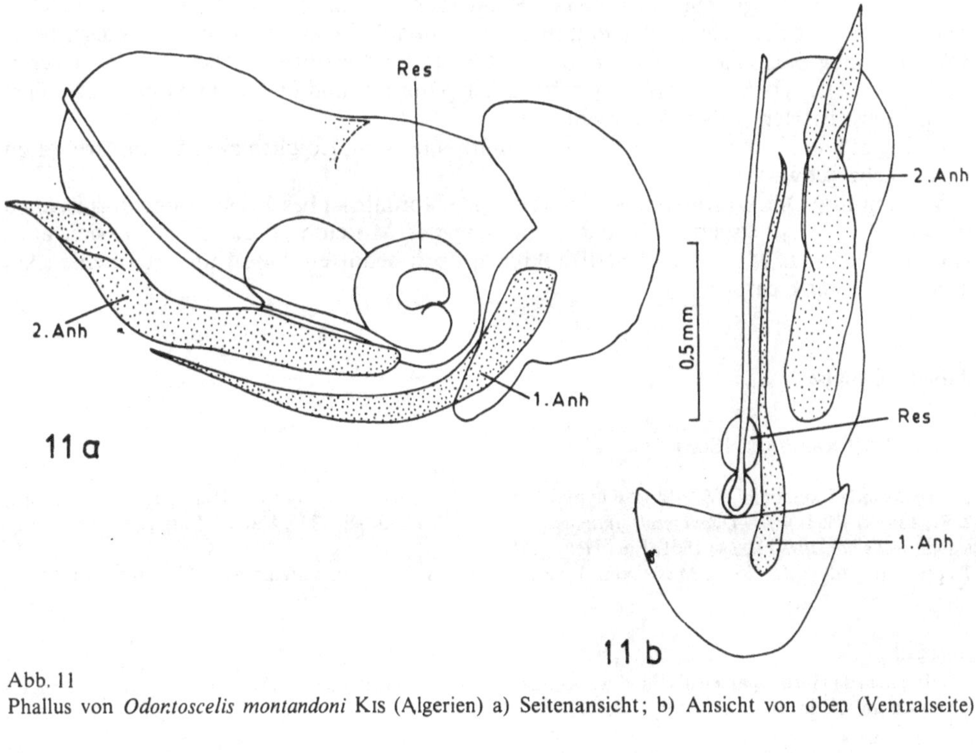

Abb. 11
Phallus von *Odontoscelis montandoni* Kis (Algerien) a) Seitenansicht; b) Ansicht von oben (Ventralseite)

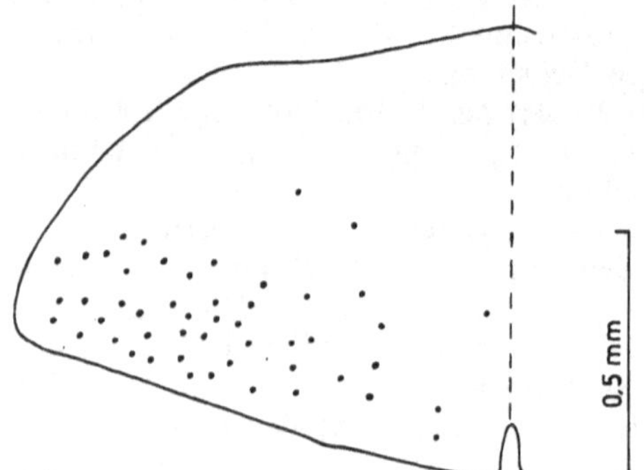

12 a

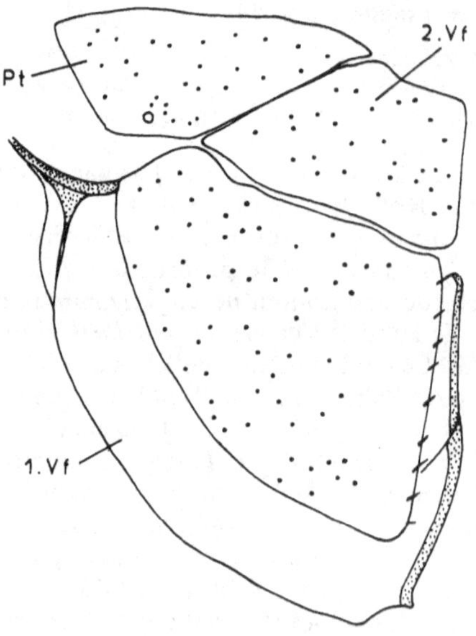

12 b

Abb. 12
Genitalsegmente der Weibchen von *Odontoscelis montandoni* KIS a) 8. Tergit; b) 8. und 9. Paratergit mit 1. Valvifer (s. S. 127)

Weibchen: 8. Tergit nur am hinteren Rand locker punktiert, Mitte und vorderer Abschnitt ohne mit nur vereinzelter Punktierung, 8. und 9. Paratergit locker punktiert, beide eckiger und größer als bei *fuliginosa*, 8. Paratergit trapezförmig, stärker sklerotisierter Teil des 1. Valvifers breiter als lang, sehr locker punktiert und innen ohne Punkte, weniger stark sklerotisierter Außenrand recht breit.

Biologie: Die überprüften Tiere hatten kaum Fangdaten, lediglich zwei Exemplare waren im Juli erbeutet worden.

Verbreitung: Die Art wurde aus dem westlichen Nordafrika beschrieben, und dort ist auch ihr Hauptverbreitungsgebiet. In der Sammlung des Museums Paris befanden sich auch einzelne Tiere aus Madrid und Südfrankreich, doch bedürfen diese Fundorte meiner Ansicht nach einer Überprüfung.

dorsalis-Gruppe

6. **dorsalis** (FABRICIUS, 1803)

Tetyra dorsalis FABRICIUS, 1803: Syst. Rhyng., 139, Nr. 54 – *Ursocoris dorsalis*: HAHN, 1834, Wanz. Ins., **2**, 51, Taf. XLVI. 144[1]) – *Odontoscelis fuliginosa dorsalis*: BURMEISTER, 1835, Handb. Ent., **2**, 2. Abt., 385 – *Odontoscelis dorsalis*: FIEBER, 1861, Eur. Hem., 378.
Typus: Mogador/Marokko/, Mus. Dom. Lund; Holotypus ♂ (ohne Genitalkapsel), Mus. Kopenhagen.

---

[1]) fraglich, da HAHN Spanien als Fundort nennt, *dorsalis* dort jedoch nicht vorkommt. Es handelt sich wahrscheinlich um die in Europa häufige *lineola*.

Synonyme:
Arctocoris plagiatus GERMAR, 1839: Ent. Z. GERMAR, **1**, 48 – *Odontoscelis dorsalis* var. *plagiata*: KIRKALDY, 1909, Cat. Hem., 264. – Typen: Ägypten; Lectotypus ♂, Mus. Berlin – Paralectotypus ♀, Mus. Zool. Univ. Lwow (Syn. KERZHNER 1964).
Odontoscelis seminitens WAGNER, 1953: Comm. biol., **13**, Nr. 14, 1, Fig. – Typen: Cypr. Kyrenia, Ammos, 7. 7. 1939, HÅKAN LINDB.; Holotypus ♂, Mus. Hamburg – Paratypen 3 ♂♂, 1 ♀ wie Holotypus (Syn. KERZHNER 1964).

Odontoscelis dorsalis wurde 1803 von FABRICIUS nach einem Männchen aus Nordafrika beschrieben. Der Typus konnte verglichen werden. Trotz der fehlenden Genitalkapsel bin ich der Meinung, daß es sich dabei auf Grund der Zeichnung und des Fundortes um unsere heutige *dorsalis* handelt.

Relativ kleine, bräunliche Tiere mit gelber Zeichnung, selten auch fast einfarbig dunkel, schwach glänzend und relativ fein punktiert, mit anliegender heller Behaarung, vor allem Ränder auch länger behaart.

Kopf dunkel, Kopfseiten dicht behaart, Kopfrand mit längeren Haaren und Borsten besetzt, Augen den Kopfrand überragend. Antennen gelblich. Pronotum bräunlich, hinterer Abschnitt häufig etwas heller gefärbt als die übrige Fläche, Mitte des Pronotums mit hellgelber glänzender, nicht durchlaufender Schwiele und ohne bräunliche Punktierung, vor allem die Seitenränder dicht hell behaart, Scutellum bräunlich, anliegend hell behaart, gelber Mittelstreifen glänzend, fast ohne bräunliche Punktierung und nicht durchlaufend, am Ende verbreitert und schwarz gesäumt, seitliche gelbe Streifen relativ breit oder hinten verbreitert, etwas nach außen geschwungen, innen kaum oder wenig, außen dichter bräunlich punktiert, innerer schwarzer Saum deutlich erkennbar und meist länger als gelber Streifen, Weibchen häufig mit insgesamt gelblich-bräunlich marmoriertem Scutellum; Punktierung insgesamt lockerer und feiner als bei *lineola*. Unterseite dunkelbraun, Coxen und Beine etwas heller gefärbt und Bauchmitte schwach aufgehellt.

Größe: Männchen: 4,0–4,8 mm lang: 2,5–3,2 mm breit,
Weibchen: 5,5–5,8 mm lang: 3,6–3,9 mm breit.

Genitalien: Männchen: Phallus relativ kurz und gedrungen, die beiden vorderen Conjunctiva-Anhänge schlank und am Ende zugespitzt, bis etwa zur Mitte des hinteren Paares reichend. Dieses kurz, am Anfang verdickt, am Ende zugespitzt, die Conjunctiva höchstens knapp überragend, bei Seitenlage Spitze nach oben zeigend.

Weibchen: 8. Tergit relativ weitgehend punktiert, im vorderen und mittleren Teil jedoch spärlicher als im hinteren seitlichen Abschnitt, vordere Mitte manchmal auch fast ohne Punktierung, 8. und 9. Paratergit locker punktiert; kräftig sklerotisierter Abschnitt des

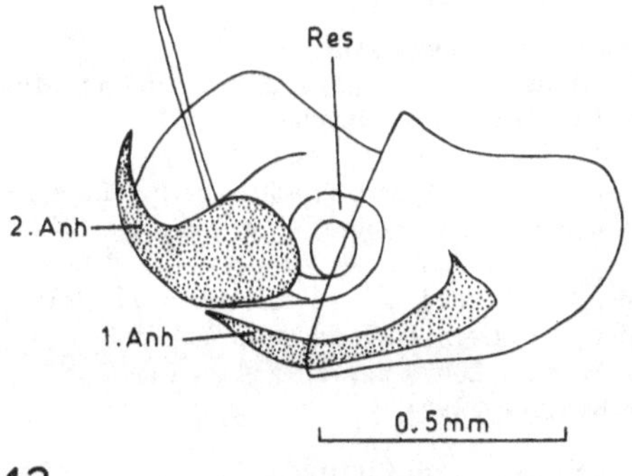

13

Abb. 13
Phallus von *Odontoscelis dorsalis* (F.) (Mesopotamien)

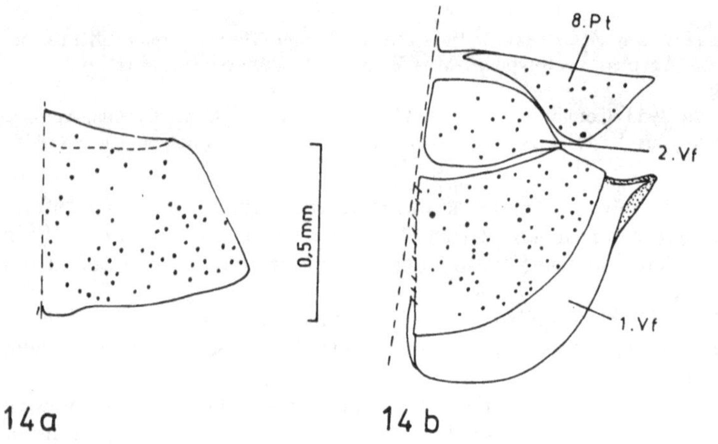

Abb. 14
Genitalsegmente der Weibchen von *Odontoscelis dorsalis* (F.) a) 8. Tergit; b) 8. und 9. Paratergit mit 1. Valvifer (s. S. 127)

1. Valvifers etwas länger als breit und locker punktiert, weniger stark sklerotisierter Rand relativ breit.

Biologie: Am Boden unter verschiedenen krautigen Pflanzen lebend, auch unter Gräsern. Als Funddaten sind mir Mai bis Juli, September bis Oktober bekannt.

Verbreitung: Die Art ist vor allem im nördlichen Afrika verbreitet bis hin zum Senegal, Sudan und Äthiopien und kommt auch auf den Kanaren vor, ferner auf Zypern, in der Türkei bis nach Mittelasien hin, in Palästina, Syrien, im Libanon, Irak und Iran. Sie hat also ein ausgesprochen südliches Vorkommen. Die in der Literatur für Europa angegebenen Funde beziehen sich insgesamt auf die lange Zeit mit ihr verwechselte und ihr recht ähnlich sehende Art *lineola*, die in Mittel- und Südeuropa weit verbreitet ist; beide Arten werden zum Teil auch unter *dorsalis* angeführt, wie z. B. bei KIRKALDY (1909).

7. **lineola** RAMBUR, 1839

Odontoscelis lineola RAMBUR, 1839: Fn. Andal., **2**, 107

Typus: Grenade; Holotypus ♀, Brit. Mus. London (das Tier trägt außer dem Fundortetikett ein 2. Etikett von grüner Farbe mit dem Vermerk „stigma RAMB.“, jedoch nicht in der Handschrift von RAMBUR).

Synonyme:

Odontoscelis comaroffi JAKOVLEV, 1879 (irrt. Syn. KERZHNER 1964) = *minuta* JAKOVLEV, 1881.

Odontosclelis dorsalis var. *carbonaria* KORMILEV, 1939: lt. STICHEL 1961: *dorsalis* f. *aequatica*: Ann. Mus. Serb. merid., **1**, Nr. 2, 3 bzw. 23. — Typen: Ohrid, VI (andere Orte?); Mus. Belgrad.

Odontoscelis dorsalis f. *deserta* STICHEL, 1924: Int. ent. Z. **18**, 201.

Odontoscelis dubia WAGNER, 1957: Boll. Soc. ent. Ital., **87**, 125, Fig. – Typen: verschiedene Fundorte aus dem Mittelmeergebiet; Holotypus ♂, Mus. Hamburg – Paratypen Mus. Hamburg, Wien, Genova und Coll. WEBER (Syn. KERZHNER 1976).

Odontoscelis fuliginosa var. *dorsalis*: SCHOUTEDEN, 1904, Gen. Ins., fasc. 24, 88 = *Ursocoris dorsalis*: HAHN, 1834, Wanz. Ins., **2**, 51, Taf. XLVI. 144 (nach der Abbildung von HAHN wahrscheinlich *lineola*).

Odontoscelis fuliginosa var. *dorsata*: KIRKALDY, 1909, Cat. Hem., **1**, 264 (siehe vorige Variation).

Odontoscelis signata FIEBER, 1861 (siehe *signata*) (irrt. Syn. KERZHNER 1964).

Die Art wurde 1839 von RAMBUR nach einem Weibchen aus Grenade, Andalusien, beschrieben. Der Typus, ein Weibchen, befindet sich im Museum London und konnte verglichen werden. Obwohl, wie auch in diesem Falle, die Weibchen oft weniger typisch gefärbt sind als die Männchen, halte ich das vorliegende Tier für *lineola*, einmal auf

Grund des Baues der weiblichen Genitalsegmente, zum anderen wegen seines Fundortes; keine andere Art dieser Größe der Gattung *Odontoscelis* kommt sonst in Spanien vor.

Die von WAGNER 1957 als *dubia* beschriebene Art wurde von KERZHNER 1976 synonym zu *lineola* gestellt. Allerdings haben WAGNER bei der Beschreibung der Art wahrscheinlich Angehörige mehrerer Arten vorgelegen, da *lineola* werden für die Kanaren noch für die Cyrenaica nachgewiesen ist; bei diesen Exemplaren handelt es sich sicher um *dorsalis*.

Die eventuelle Synonymisierung von *comaroffi* durch KERZHNER halte ich für falsch, da *lineola* nach meinen Überprüfungen nicht in in Transkaspien vorkommt.

Einer der Typen (?) der 1939 von KORMILEV beschriebenen Form *carbonaria* (irrtümlicherweise als *dorsalis* f. *carbonaria*), ein Weibchen des Museums in Belgrad, konnte überprüft werden. Allerdings entspricht der Fundort dieses Tieres „Skoplje" nicht den von KORMILEV gemachten Angaben.

Bei *Odontoscelis lineola* handelt es sich um eine relativ kleine Art von bräunlicher Färbung mit anliegender weißlich-gelblicher kurzer Behaarung, die zum Teil mehr oder weniger deutliche Streifen bildet, daneben kommen auch längere Haare vor. Die gelbe Zeichnung auf dem Pronotum und Scutellum ist in der Regel bei den Männchen gut ausgebildet, dagegen sind die Weibchen vielfach fast einfarbig bräunlich oder gelbbraun mit unterschiedlich ausgedehnter dunklerer Zeichnung.

Kopf braunschwarz mit dicht weißlich behaarten Seiten, Kopfrand mit kurzen und längeren abstehenden Haaren besetzt, Augen den Kopfrand überragend. Fühler von gelblicher Farbe. Pronotum im vorderen Abschnitte sowie der Seitenrand dunkler gefärbt als das übrige meist hellere Teil, Fläche fein und locker braun punktiert, die etwas erhöhte gelbe Mittellinie von unterschiedlicher Länge und nicht durchlaufend, vor allem der Seitenrand dicht anliegend hell behaart. Das Scutellum ist bräunlich mit dunkler Punktierung, anliegender heller Behaarung, die gelbe Mittellinie läuft ± weit durch, ist am Ende verbreitert und dort dunkel umrandet und in der Mitte nicht punktiert; die gelben Seitenstreifen sind unterschiedlich lang und breit, etwas nach außen geschwungen, zum größten Teil braun punktiert und innen sowie unten von einer dunkelbraunen Linie begrenzt. Beine und Unterseite sind von brauner Färbung und behaart bzw. auch beborstet.

Größe: Männchen: 3,5–4,5 mm lang: 2,2–2,9 mm breit,
Weibchen: 4,8–5,7 mm lang: 3,2–3,8 mm breit.

Genitalsegmente: Männchen: Phallus relativ kurz und gedrungen, die beiden Anhänge der Basiconjunctiva sehr schlank, am Ende zugespitzt und knapp bis zur Hälfte des 2. Paares der Conjunctiva-Anhänge reichend. Dieses bei seitlicher Ansicht kräftig, am Anfang mit einer charakteristischen starken Wölbung, die in einen breiten Endteil mit nach oben zeigender Spitze übergeht, bei Aufsicht zunächst stark nach innen gekrümmt und am Ende mit kleiner Spitze. Vor allem der 2. Anhang ist bei Tieren verschiedener Herkunft etwas unterschiedlich ausgebildet, insbesondere in bezug auf die Wölbung.

Weibchen: 8. Tergit mit seitlicher Punktierung, mittlerer Abschnitt kaum punktiert und vor allem im vorderen Teil ohne Punkte, 8. Paratergit mit ausgezogener innerer Spitze, 9. Paratergit etwa trapezförmig und beide locker punktiert; 1. Valvifer mit relativ gleichmäßiger Punktierung, Innenrand jedoch nur vereinzelt punktiert, schwächer sklerotisierter Außenrand schmal.

Biologie: Die Art lebt auf Sand- und Kalkboden unter Pflanzen, angegeben werden Erodium, Corynophorus. Die Funddaten liegen in den Monaten April bis August.

Verbreitung: Das mir vorliegende Material stammte aus Westeuropa, Mittel-, Süd- und Südosteuropa, die östlichen Fundorte lagen in Bulgarien, Rumänien und der westlichen USSR (Odessa). In der Literatur werden auch Funde aus England genannt. Die in früheren Publikationen für *dorsalis* gemachten Angaben beziehen sich im allgem. alle auf *lineola*, soweit sie nicht afrikanische Aufsammlungen betreffen.

Anmerkung: Ein auf Sardinien gefangenes Männchen wich in bezug auf die Ausbildung

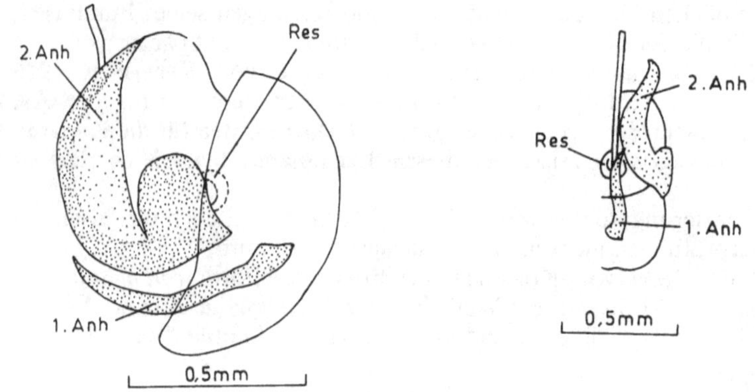

15 a 15 b

Abb. 15
Phallus von *Odontoscelis lineola* RAMB. (Brandenburg) a) Seitenansicht; b) Ansicht von oben (Ventralseite)

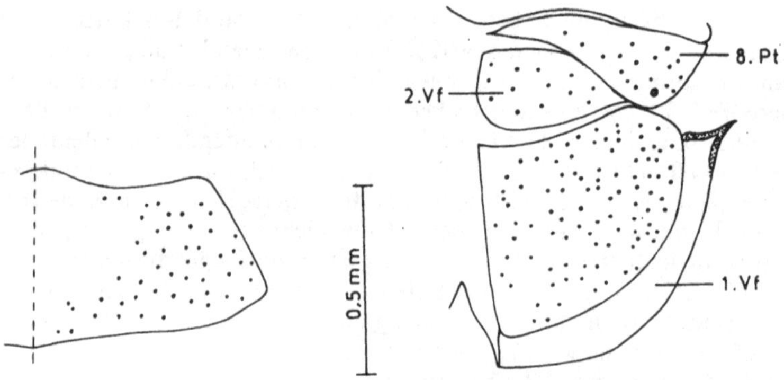

16 a 16 b

Abb. 16
Genitalsegmente der Weibchen von *Odontoscelis lineola* RAMB. a) 8. Tergit; b) 8. und 9. Paratergit mit 1. Valvifer (s. S. 127)

der Anhänge des Phallus relativ stark von der üblichen Form ab. Ob es sich dabei um eine neue Art (oder Unterart) handelt, wage ich auf Grund des geringen Materials nicht zu entscheiden. Bei diesem Tier fehlte der Höcker am Grunde des 1. Anhangspaares, auch war der anschließende Teil stärker sklerotisiert als sonst üblich bei *lineola*. Das 2. Anhangspaar ist nur geringfügig abgewandelt. Insgesamt gesehen, handelt es sich dabei um eine Art Zwischenform von *dorsalis* und *minuta*.

8. **minuta** JAKOVLEV, 1881

Odontoscelis minuta JAKOVLEV, 1881: Bull. Soc. Natural. Moscou, **55**, pt. II, 345.
Typus: Derbent, KOMAROV; Holotypus ♂, Zool. Inst. Leningrad.
Synonyme:
?*Odontoscelis comaroffii* JAKOVLEV, 1879: Tr. Russe ent. Obšč., **12**, 14 — Typen: Derbent, A. V. KOMAROV; Lectotypus ♀, Zool. Leningrad — Paralectotypus ♀; wie Lectotypus (Syn. nov.?).
Odontoscelis dubia: KERZHNER, 1964, Ent. Obozr., **43**, 365 (= irrt. Syn.) (siehe *lineola* RAMBUR, 1839).

Odontoscelis minuta wurde von JAKOVLEV 1881 nach einem in Derbent gefangenen Männchen beschrieben. Der Typus befindet sich im Zoologischen Institut Leningrad und wurde von Dr. I. M. KERZHNER verglichen.

Von der von JAKOVLEV ebenfalls aus Derbent beschriebenen Art *comaroffi* existieren leider nur zwei Weibchen, die wie häufig bei der Gattung *Odontoscelis*, schwer zu bestimmen sind. Ich konnte sie überprüfen und halte sie für *minuta*, einmal auf Grund ihres Vorkommens, zum anderen wegen der Punktierung der weiblichen Genitalsegmente. *O. comaroffi* ist zwar vor *minuta* beschrieben worden, der Name wurde jedoch so gut wie nicht benutzt. Eine Beibehaltung des Namens *minuta* halte ich daher für vertretbar, zumal es sich bei dem Typus dieser Art um ein Männchen handelt.[1])

Relativ kleine, braungefärbte Tiere mit gelber Zeichnung und kurzer heller Behaarung, die zum Teil deutliche Reihen bildet, und vor allem an den Körperrändern mit längeren abstehenden Haaren besetzt.

Kopf einfarbig dunkelbraun gefärbt mit anliegender heller Behaarung, Kopfrand mit kürzeren und längeren abstehenden Haaren besetzt. Fühler bräunlich gefärbt. Pronotum braun, im hinteren Abschnitt ± stark aufgehellt mit gelber Mittellinie, die zum Teil weniger deutlich erkennbar ist und nicht durchläuft. Scutellum braun mit gelber und unterschiedlich langer Mittellinie und relativ kurzen und breiten geraden gelben Seitenstreifen mit meist durchgehender bräunlicher Punktierung, der dunkle Innensaum fehlt häufig oder ist nur undeutlich vorhanden; bei den Weibchen ist die gelbe Zeichnung unterschiedlich ausgedehnt. Beine und Unterseite braun gefärbt.

Größe: Männchen: 3,8–4,3 mm lang: 2,5–2,8 mm breit,
Weibchen: 4,8–5,1 mm lang: 3,2–3,4 mm breit.

Genitalien: Männchen: Phallus relativ kurz und gedrungen, vordere Conjunctiva-Anhänge bei Seitenansicht schlank mit dorsalwärts gebogenem angespitztem Ende und relativ kurz, hintere Anhänge ± breit, zunächst etwa gerade verlaufend, dann etwa in der Mitte abgeknickt und am Ende angespitzt, Spitze nach vorn seitlich abgewinkelt und länger als der Phallus; die Form der Anhänge ist etwas variabel.

Weibchen: Beim 8. Tergit ist vor allem die hintere äußere Ecke punktiert, Punktierung sonst pärlicher und Mittellinie ohne Punktierung. 8. Paratergit lang-dreieckig, 9. Paratergit

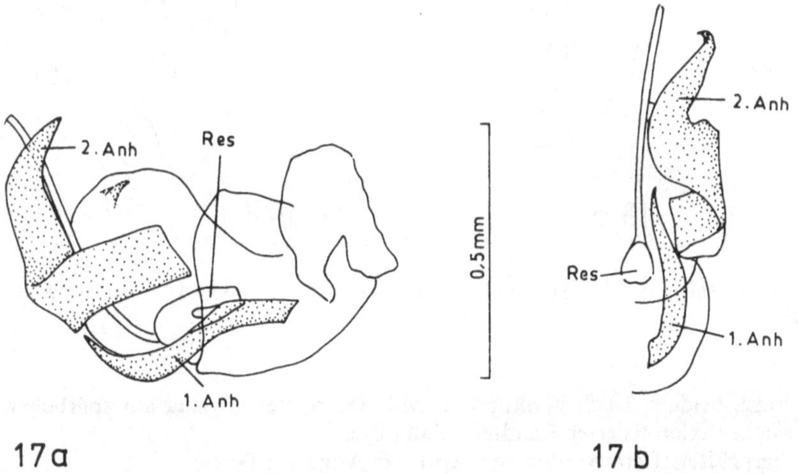

Abb. 17
Phallus von *Odontoscelis minuta* JAK. (Bulgarien) a) Seitenansicht; b) Ansicht von oben (Ventralseite)

[1]) Die Synonymisierung bleibt wegen des ♀ von *comaroffi* weiterhin fraglich.

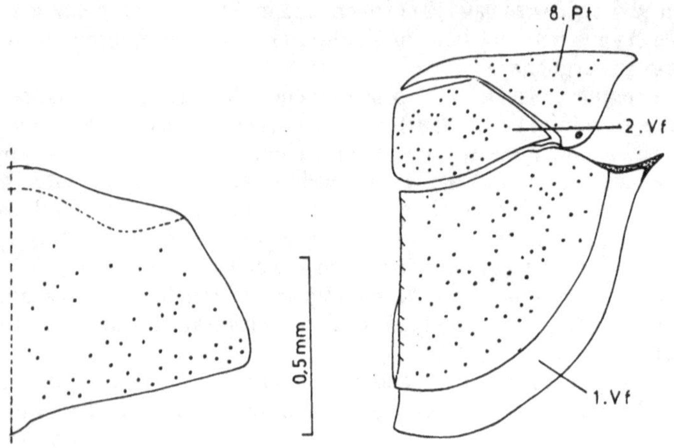

18 a 18 b

Abb. 18
Genitalsegmente der Weibchen von *Odontoscelis minuta* JAK. a) Tergit; b) 8. und 9. Paratergit mit 1. Valvifer (s. S. 127)

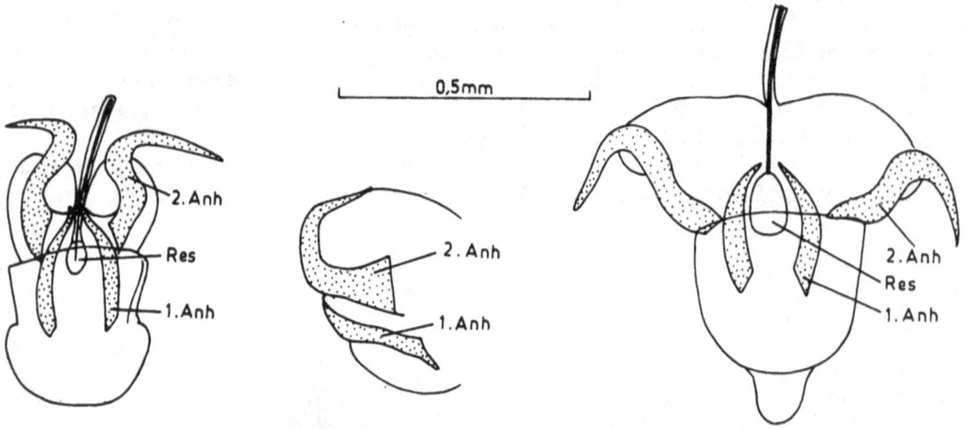

19 a 19 b 19 c

Abb. 19
Phallus von *Odontoscelis minuta* JAK. (?) (Zypern) a) Ansicht von oben (Ventralseite); b) Seitenansicht; c) Phallus ausgestülpt

relativ breit und kurz, beide spärlich punktiert. 1. Valvifer breiter als lang mit spärlicher Punktierung, schwächer sklerotisierter Randteil relativ breit.

Biologie: Die überprüften Tiere wurden von April bis August gefangen.

Verbreitung: Das mir vorliegende Material stammte aus Südeuropa, westlich bis zur Insel Iskia, von der Insel Kreta, aus Klein-Asien bis zum Kaukasus; Tiere aus Israel und Kreta wichen in bezug auf die Form der Conjunctiva-Anhänge von dem übrigen Material etwas, solche von Zypern jedoch recht stark ab.

9. **signata** FIEBER, 1861

Odontoscelis signata FIEBER, 1861: Eur. Hem., 379.
Typus: Sicilia, MANN 1858; Lectotypus ♀, Mus. Wien.
Synonyma:
Odontoscelis dorsalis var. *signata*: SCHOUTEDEN, 1904, Gen. Ins., fasc. 24, 87.

Odontoscelis signata wurde von FIEBER 1861 nach Tieren aus Sizilien beschrieben. Ein Weibchen dieser Serie befindet sich in der Sammlung des Museums Wien und konnte verglichen werden. Trotz des nur vorhandenen schwerer zu bestimmenden Weibchens kann es sich dabei meiner Ansicht nach nur um *signata* handeln, da alle aus Sizilien überprüften Tiere nur diese Art ergaben.

Relativ kleine, bräunlich gefärbte Tiere mit gelber Zeichnung, die *dorsalis* ähnlich sehen, mit anliegender heller Behaarung und vor allem an den Rändern mit längeren abstehenden Haaren.

Kopf einfarbig dunkel gefärbt und relativ lang (Länge: Breite etwa 3:4), die Seiten dicht anliegend weißlich behaart, die Ränder mit einzelnen langen Haaren und kurzen Borsten besetzt, die Augen den Kopfrand wenig überragend. Fühler von gelblicher Färbung. Pronotum in der vorderen Hälfte dunkel, hinten vielfach aufgehellt, Seitenrand dunkel gefärbt mit dichter anliegender weißlicher Behaarung und in der Mitte etwas verbreiteter gelber Mittellinie, die nicht durchläuft. Scutellum braun mit gelber, zum Teil etwas erhabener Mittellinie, die am Ende verbreitert und schwarz umrandet ist, die gelben, meist relativ breiten Seitenstreifen sind schwach nach innen gebogen, vor allem außen locker dunkel punktiert und innen und unten schwarz gesäumt; Weibchen mit braungelber Marmorierung; bei Exemplaren aus Malta (Mus. London) ist die gelbe Zeichnung mehr weißgelb und sehr ausgeprägt und hebt sich dadurch stärker von dem Braun ab als bei anderen Tieren. Beine und Unterseite braun gefärbt und behaart.

Größe: Männchen: 4,2–4,9 mm lang: 2,8–3,3 mm breit,
Weibchen: 5,2–5,9 mm lang: 3,7–4,0 mm breit (2 Exemplare).

Genitalien: Männchen: Phallus kurz und gedrungen, Anhänge der Basiconjunctiva relativ kurz und zierlich mit charakteristisch gedrehtem Ende (bei Aufsicht), viel kürzer als das 2. Anhangspaar, letzteres beginnt an dem Reservoir und überragt den Phallus beträchtlich, die Anhänge sind etwa in der Mitte abgewinkelt und besitzen eine nach außen bzw. bei Dorsallage nach oben zeigende Spitze.

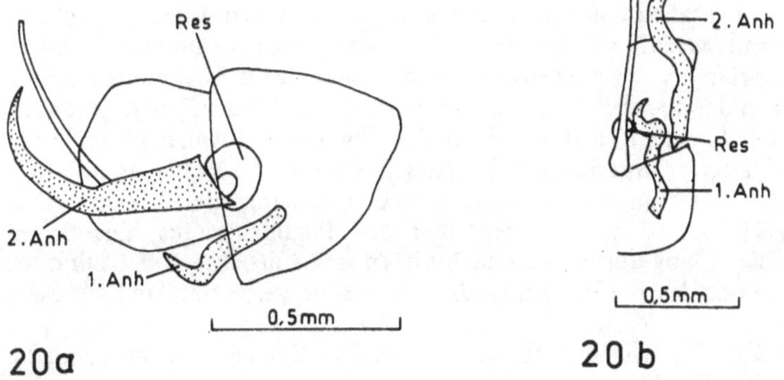

20a 20 b

Abb. 20
Phallus von *Odontoscelis signata* FIEB. (Sizilien) a) Seitenansicht; b) Ansicht von oben (Ventralseite)

Weibchen: Genitalsegmente denen von *dorsalis* ähnlich, 8. Tergit jedoch spärlicher punktiert als bei dieser Art.

Biologie: Die Fangdaen der geprüften Tiere lagen im April und Juli bis August; der größte Teil der geprüften Tiere hatte leider keine Angaben über die Fangzeit.

Verbreitung: Die Art ist bisher bekannt aus Sizilien, den aeolischen Inseln nördlich von Sizilien (nach VLACH) und aus Malta; in Sizilien kommt nach dem geprüften Material nur *signata* vor.

hispidula-Gruppe

10. **hispidula** JAKOVLEV, 1874

Odontoscelis hispidulus JAKOVLEV, 1874: Tr. Russe ent. Obšč., **8**, 51 (ursprünglich als *lineola* zitiert in: Horae Soc. ent. Ross., **6** 120, 1871).
Typus: Sarepta, Astrachan; Typus ♂, Zool. Inst. Leningrad.

Die Art wurde nach Material aus Sarepta, Astrachan, von JAKOVLEV 1874 beschrieben, nachdem er sie 1871 zunächst als *lineola* zitiert hatte. Der Typus befindet sich im Zool. Inst. Leningrad und wurde bereits schon früher von Dr. I. M. KERZHNER überprüft.

Es handelt sich bei *Odontoscelis hispidula* um einen kleinen Vertreter der Gattung von dunkler Färbung ohne gelbe Streifen und mit relativ dichter, mehr wolliger, vorwiegend gelblicher Behaarung, die zum Teil auch Streifen bildet. Die Körperränder sind relativ kurz abstehend behaart.

Der Kopf ist relativ breit mit vertieft liegenden und den Seitenrand nicht überragenden Augen. Auch durch dieses Merkmal ist *hispidula* von anderen in demselben Verbreitungsgebiet vorkommenden Arten gut zu trennen mit Ausnahme der 1965 beschriebenen Art *zarudnyi*. Bei dieser ist der Kopfrand vor den Augen jedoch nicht eingebuchtet, sondern verläuft schräg nach innen. Die Fühler sind von gelblicher Färbung. Das Pronotum ist einfarbig dunkel ohne gelbe Zeichnung mit relativ breitem Seitenrand und einer vergleichsweise recht deutlichen Querrille, seine Vorderecken sind auffällig breit und überragen den Kopf seitlich deutlich. Das Scutellum ist ebenfalls einfarbig dunkel. Die Körperunterseite ist dunkelbraun gefärbt, in der Abdomenmitte und rund um die Coxen vielfach etwas aufgehellt.

Größe: Männchen: 3,9–4,8 mm lang: 2,4–3,1 mm breit,
Weibchen: 4,4–5,5 mm lang: 2,5–3,5 mm breit.

Genitalien: Männchen: Genitalien von denen der bisher besprochenen Arten abweichend gebaut und zusammen mit *tomentosa*, *vittata* und *zarudnyi* eine gesonderte Gruppe bildend. Bei allen vier Arten ist im Gegensatz zu den im allgem. symmetrisch ausgebildeten Phallusanhängen der anderen Arten hier zumindest ein Teil der Anhänge jeweils asymmetrisch gestaltet. Bei *hispidula* ist das 1. Paar der Conjunctiva-Anhänge am Ende verbreitert und nach innen etwas unterschiedlich abgeschrägt (bei Aufsicht), es überragt die Conjunctiva nicht. Die weiter hinten ansetzenden beiden Anhänge des 2. Paares sind stark gebogen und überkreuzen sich, sie ragen über den Phallus hinaus. Die Spitze des einen Anhangs ragt relativ lang ausgezogen nach hinten (bei Aufsicht) bzw. nach oben (bei Dorsallage) vor, das Ende des zweiten Anhangs ist am Ende verbreitert und zur Seite bzw. nach unten gerichtet.

Weibchen: Typisch für *hispidula*, wie auch für die übrigen drei Arten der Gruppe, sind die relativ langgestreckten weiblichen Genitalsegmente. Das 8. Tergit ist bis auf den vorderen Rand fast gänzlich punktiert, 8. und 9. Paratergit sind locker punktiert und an den schmalen Enden jeweils leicht gebogen. Der 1. Valvifer ist langgestreckt, fast völlig skleroti-

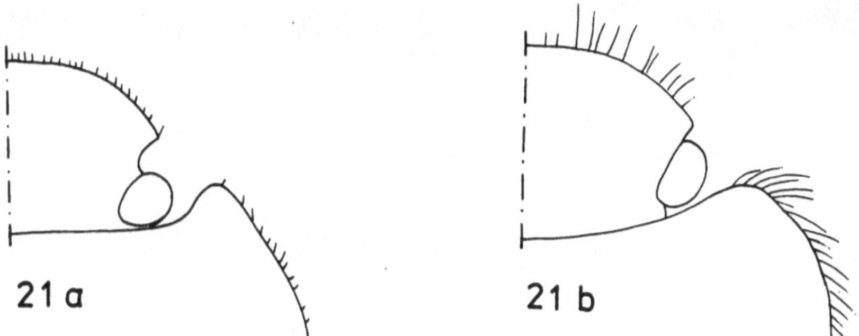

Abb. 21
Kopf und vorderer Rand des Pronotums a) *Odontoscelis hispidula* JAK.; b) *Odontoscelis tomentosa* (GERM.); c) *Odontoscelis vittata* HORV.; d) *Odontoscelis zarudnyi* PUTSH.

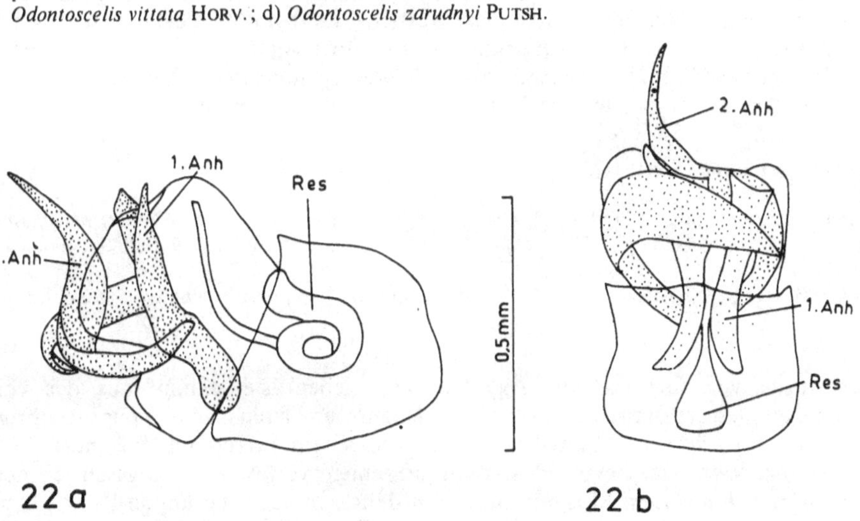

Abb. 22
Phallus von *Odontoscelis hispidula* JAK. (Balgan Steppe) a) Seitenansicht; b) Ansicht von oben (Ventralseite)

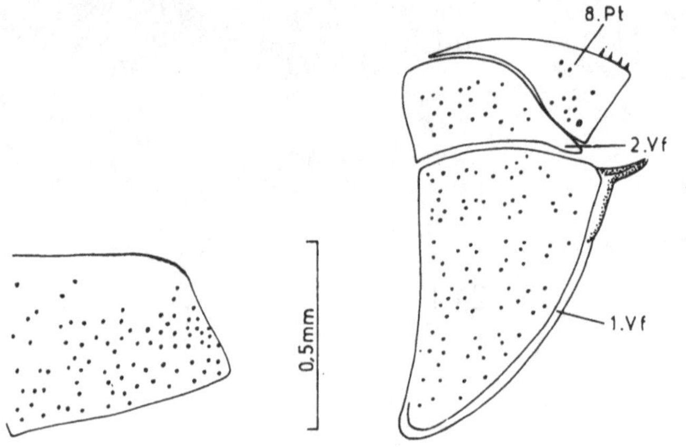

23a 23b

Abb. 23
Genitalsegmente der Weibchen von *Odontoscelis hispidula* JAK. a) 8. Tergit; b) 8. und 9. Paratergit mit 1. Valvifer (s. S. 127)

siert und weist eine zarte, lockere Punktierung auf, der membranöse Randsaum ist relativ schmal.

Biologie: Das mir vorliegende Material wurde in den Monaten Juni bis Juli gesammelt. Die Funde aus der Mongolei stammen aus Barberfallen und Gelbschalen, die in der Steppe und Waldsteppe in Höhen von ca. 1300–ca. 2000 m ü. NN aufgestellt waren und die die Tiere wahrscheinlich fliegend erreicht haben. Nach PUTSHKOV lebt die Art in Steppen und Halbwüsten am Boden unter niederen Pflanzen.

Verbreitung: In den Steppen und Halbwüsten Kasachstans, Kirgisiens zu finden, in Mittelasien bis hin zur Mongolei, in der Ukraine, Türkei und der Krim verbreitet, das westlichste Vorkommen scheint der Neusiedler-See in Österreich zu sein. Übrigens waren die von diesem Fundort geprüften Exemplare auffällig groß im Vergleich zu den weiter östlich gefundenen. Die in der Literatur genannten Fundorte Ägypten und Lybien beziehen sich meiner Ansicht nach auf die *hispidula* nahe stehende Art *tomentosa*. Bedauerlicherweise lagen mir insgesamt nur relativ wenige Tiere von *hispidula* zur Überprüfung vor.

11. **tomentosa** (GERMAR, 1839)

Arctocoris tomentosus GERMAR, 1839: Ent. Z. GERMAR, **1**, 49 — *Irochrotus* (*Odontoscelis*?) *tomentosus*: SCHOUTEDEN, 1903, Rhynch. Aethiop., **1**, 89 — *Odontoscelis tomentosus*: SCHMIDT, 1939, Bull. Soc. FOUAD I. Ent., **22**, 24, Fig.
Typen: Dongola, KLUG; Lectotypus (?) ♂, Zool. Inst. Leningrad — Paralectotypen (?) 3 ♀♀, Zool. Mus. Berlin.

Die Art wurde von GERMAR aus Ägypten beschrieben, sie stammt aus der von EHRENBERG in Ägypten gesammelten Ausbeute. Bei allen vier Tieren ist die Typuszugehörigkeit nicht sicher. So trägt das Männchen aus Leningrad ein Etikett mit folgender Aufschrift: *Tetyra tomentosa* KL. Egypt. Es stammt laut einem von MÉNÉTRIES geschriebenen Vermerk ursprünglich aus dem Museum Berlin, in dem sich auch die übrige KLUG- bzw. EHRENBERG-Sammlung befindet. Das Tier trägt als Fundortvermerk lediglich Ägypten und nicht den bei GERMAR genannten Fundort Dongola. Die drei Weibchen des Museums

Berlin sind als Typen gekennzeichnet, stammen jedoch laut Katalog-Nummer aus Ambukohl (auch Ambukol, Ambugol), leg. EHRENBERG. GERMAR gibt bei seiner Beschreibung nur eine Länge an, so daß die Zahl der ihm vorgelegenen Tiere unsicher ist. Alle vier Exemplare stammen aber mit Sicherheit aus der EHRENBERG-Aufsammlung. Ich halte es daher für vertretbar, das in Leningrad befindliche Männchen als den Lectotypus festzulegen, die drei Weibchen sind als Paralectotypen zumindest unsicher.

Kleine einfarbig braune Tiere, Färbung etwas heller als bei der ebenfalls in Afrika vorkommenden *vittata*, mit breitem, vorn gerundetem Kopf, den die Augen seitlich kaum überragen, mit ± struppigen und etwas abstehender gelblicher Behaarung, Körperränder locker mit längeren Haaren besetzt. Die relativ dichte und zum Teil etwas abstehende Behaarung war übrigens der Grund für die Einordnung der Art in der Gattung *Irochrotus*.

Kopf braun, kurz und breit, Augen den Seitenrand kaum überragend, Kopf vor den Augen gerundet (bei *zarudnyi* mit Ecke), dicht gelblich behaart, Rand dicht mit kurzen Borsten sowie mit locker stehenden längeren Haaren besetzt. Pronotum relativ breit und kurz, sein Vorderrand die Augen deutlich überragend, braun gefärbt, vorderer Abschnitt zum Teil dunkler als hinterer, struppig behaart mit undeutlicher Querdelle. Scutellum einfarbig braun, bei einigen Exemplaren etwas heller gefärbt als der Kopf und ebenfalls dicht behaart. Beine von brauner Färbung. Unterseite braun mit aufgehellter Mitte.

Größe: Männchen (3 Ex.): 4,0–4,1 mm lang: 2,5–2,6 mm breit,
Weibchen (6 Ex.): 4,1–4,5 mm lang: 2,7–2,9 mm breit.

Genitalien: Männchen: Phallus kurz, Conjunctiva-Enden deutlich getrennt, Conjunctiva mit drei Paar Anhängen: Das an der Basiconjunctiva ansetzende 1. Paar langgestreckt, die Conjunctiva überragend, und mit etwas verbreiterten und seitlich angespitzten Enden, bei

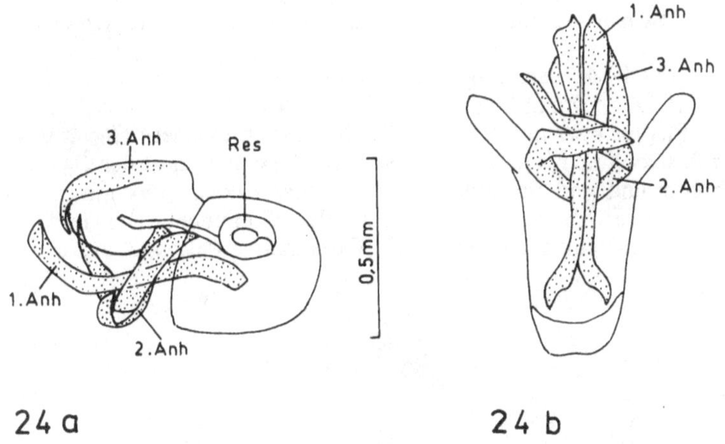

Abb. 24
Phallus von *Odontoscelis tomentosa* (GERM.) (Sudan) a) Seitenansicht; Ansicht von oben (Ventralseite)

Seitenansicht etwas geschwungen; das an der Disticonjunctiva ansetzende 2. Paar der Anhänge ist asymmetrisch ausgebildet und von unterschiedlicher Länge, beide sind stark geschwungen und laufen am Ende spitz aus; das 3. Paar, dorsal an der Disticonjunctiva befindlich, ist kurz und mit ventralwärts gebogenen spitzen Enden ausgestattet.

Weibchen: 8. Tergit nur wenig punktiert, vordere Mitte ohne Punkte; 8. und 9. Paratergit mit gerundeten Rändern. 1. Valvifer langgestreckt mit schmalem membranösem Rand und locker kräftig punktiert.

Biologie: Einige der von mir geprüften Exemplare wurden im Juli gefangen, der größte Teil der Tiere trägt leider kein Funddatum. Nach Angaben von LINNAVUORI lebt die Art in Halbwüsten.

Verbreitung: Die Art kommt im nord-östlichen Teil von Afrika vor. Das mir vorliegende Material stammte aus Ägypten (Fajum und „Ägypten"), aus Ambukohl (Nubien) und dem Sudan.

12. **vittata** HORVATH, 1911

Odontoscelis vittata HORVATH, 1911: Ann. Mus. Hist. nat. Hung., **9**, 574.
Typus: Algeria, Thiersville, Coll. E. DE BERGEVIN; Holotypus ♂ (ohne Genitalkapsel), Mus. Paris, Nr. 3061.

Odontoscelis vittata wurde von HORVATH 1911 nach einem Männchen der Kollektion E. DE BERGEVIN aus Thiersville, Algerien, beschrieben. Der Typus befindet sich im Museum Paris, leider ist die Genitalkapsel des Tieres bei früheren Untersuchungen verloren gegangen. Die Art ist jedoch relativ gut von den benachbarten Arten *tomentosa*, *hispidula* und *zarudnyi* zu trennen, einmal durch ihre sehr typische Verbreitung, zum anderen auch durch die Form des vor den Augen liegenden Kopfrandes: Er verläuft gerade abgeschrägt relativ weit nach innen, während er z. B. bei *hispidula* geschwungen ist.

Kleine dunkelbraune Tiere mit weißlichgrauer, auch gelblicher feinerer Behaarung, zum Teil vor allem auf dem Scutellum deutliche Streifen bildend, Körperränder mit langen Haaren locker besetzt. Augen den Kopfrand seitlich nicht überragend.

Kopf breit, Augen im Kopf eingesenkt, dieser vor den Augen gerade abgeschrägt und relativ dicht anliegend behaart. Fühler gelblich. Pronotum dunkel gefärbt und anliegend behaart mit relativ breitem Seitenrand, seine Vorderecken etwas nach vorn gebogen. Scutellum einfarbig braun, Behaarung zum Teil Streifen bildend. Beine und Unterseite dunkelbraun gefärbt.

Größe: Männchen (2 Ex.): 4,4–4,5 mm lang: 2,5–2,6 mm breit,
Weibchen (5 Ex.): 5,4–5,9 mm lang: 3,3–3,7 mm breit.

Genitalien: Männchen: Phallus kurz mit drei Paar Conjunctiva-Anhängen: Das 1. Paar langgestreckt und an der Basiconjunctiva ansetzend, seine Anhänge überragen den Phallus, werden nach hinten zu breiter und sind am Ende abgerundet; das 2. Paar ist asymmetrisch und stark geschwungen; das 3. Paar setzt am Ende der Conjunctiva an und ist stark ventralwärts gebogen (bei Seitenlage), innen vom 3. Conjunctiva-Paar setzt außerdem

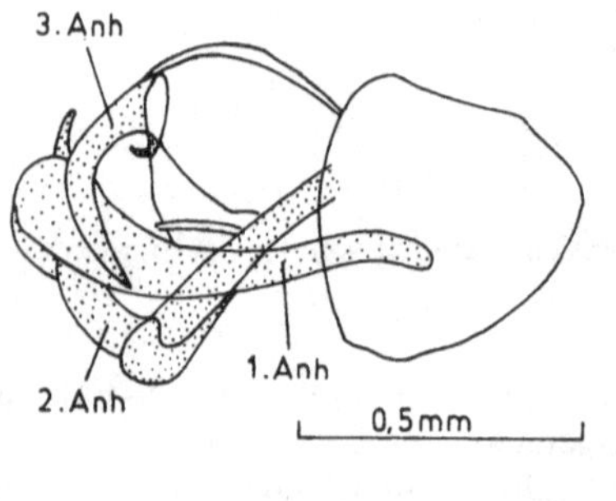

25

Abb. 25
Phallus von *Odontoscelis vittata* HORV. (Tunesien)

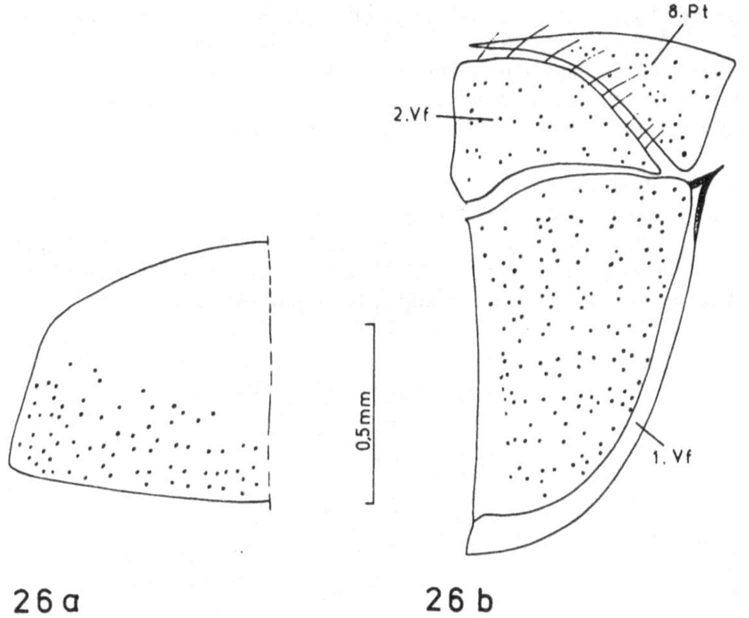

Abb. 26
Genitalsegmente der Weibchen von *Odontoscelis vittata* HORV. a) 8. Tergit; b) 8. und 9. Paratergit mit 1. Valvifer (s. S. 127)

beiderseitig ein kleiner sklerotisierter Zahn an. Die Vesica ist kurz und stark sklerotisiert und erinnert an die der Gattung *Irochrotus*.

Weibchen: 8. Tergit vorn unpunktiert, gut ein Drittel des Hinterrandes mit lockerer Punktierung; 8. Paratergit dreieckig mit Punktierung, 9. Paratergit relativ breit mit geschwungener Ventralseite und locker punktiert. 1. Valvifer langgestreckt mit schmalem membranösem Seitenrand, fein und locker punktiert, seine Innenkante ohne Punktierung.

Biologie: Die meisten der untersuchten Tiere sind ohne Funddatum, ein Exemplar war im August gefangen worden.

Verbreitung: Das geprüfte Material, leider ist die Art in den Sammlungen kaum vertreten, stammte aus dem westlichen Nordafrika und zwar aus Marokko, vor allem aber aus Algerien und Tunesien. Die Angabe, daß die Art in Spanien vorkommt, müßte überprüft werden. Ihrer Verbreitung nach scheint die Art mehr gebirgiges Gelände zu bevorzugen, während *tomentosa* mehr an Wüstengebiete gebunden zu sein scheint.

13. **zarudnyi** PUTSHKOV, 1965

Odontoscelis zarudnyi PUTSHKOV, 1965: Sitniki Sredn. Azii (Hemiptera, Pentatomoidea) (Frunse), 75, Fig. 14. 2.
Typen: Turkmenien, Usbekistan, Süd-Kasachstan; Zool. Institut Kiev und Zool. Institut Leningrad.

Die Art wurde von PUTSHKOV 1965 nach Material aus Turkmenien, Usbekistan und Süd-Kasachstan beschrieben. Ein Paratypus, ein Männchen, konnte verglichen werden, es stammt aus Kara-Kum, Turkmenien.

Kleine, sehr dunkel gefärbte Tiere mit relativ feiner weißlicher Behaarung, die Streifen bildet, Körperränder abstehend hell behaart.

Kopf sehr breit gerundet, Augen länglich und im Kopf versenkt, den Kopfrand kaum überragend, dieser vor den Augen abgeschrägt. Fühler bräunlich. Pronotum breit, seine Vorderecken gerundet, jedoch kaum breiter als die Augen und seitlich weniger weit vorstehend als bei *hispidula*, relativ fein weißlich-gelblich behaart, mit undeutlicher Querdelle. Scutellum einfarbig dunkelbraun – schwarz, dicht behaart, Behaarung zum Teil streifig. Beine braun gefärbt.

Größe: Männchen (1 Ex.): 4,4 mm lang: 2,7 mm breit,
Weibchen (1 Ex.): 5,0 mm lang: 3,1 mm breit.

Genitalien: Männchen: Phallus kurz mit zwei Paar asymmetrischen und ungleich langen Conjunctiva-Anhängen, 1. Paar langgestreckt und schlank, am Ende etwas gerundet und den Phallus überragend, 2. Paar etwa so lang wie der Phallus, stark geschwungen und sich überkreuzend, mit zugespitztem Ende.

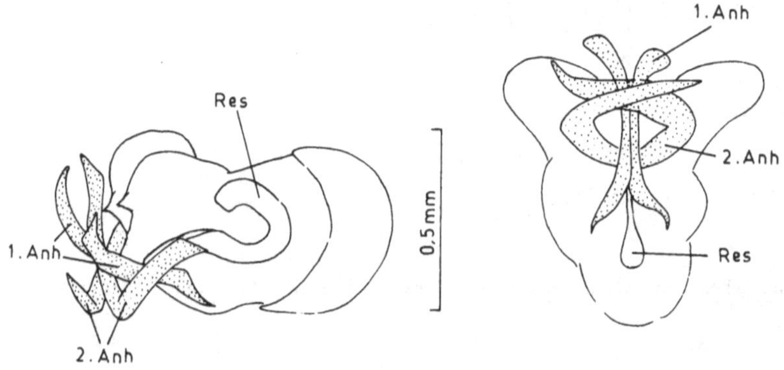

27a 27b

Abb. 27
Phallus von *Odontoscelis zarudnyi* Putsh. (Kara-Kum) a) Seitenansicht; b) Ansicht von oben (Ventralseite)

Weibchen: Genitalsegment langgestreckt, nicht näher untersucht.

Biologie: Die Funddaten der geprüften Tieren sowie nach den Angaben von Putshkov liegen im Mai, Juli und August. Einige der Tiere wurden auf Calligonum, einem Knöterichgewächs, beobachtet.

Verbreitung: Die Art ist bisher aus Zentralasien (Turkmenien, Usbekistan, Kasachstan) bekannt.

Schlußbemerkungen

Die Gattung *Odontoscelis* ist zum überwiegenden Teil in der Paläarktis verbreitet mit nur geringer Ausstrahlung in den Norden der äthiopischen Region. Es ist anzunehmen, daß ihr Entstehungszentrum etwa im Südosten Europas und im anschließenden asiatischen Teil der Paläarktis liegt, da in diesem Gebiet die größte Zahl ihrer Arten zu finden ist: *byrrhus*, *dorsalis*, *fuliginosa*, *hispidula*, *lineola*, *litura*, *minuta*, *signata* und *tomentosa*, deren Verbreitungsgebiete bis nach Asien, Arabien, Afrika und Europa gehen. Von den übrigen vier Arten, kommen zwei, nämlich *montandoni* und *vittata*, nur im westlichen Nordafrika vor, die *Odontoscelis*-Art *iberica* ist auf die Iberische Halbinsel beschränkt und *zarudnyi* bisher lediglich in Zentralasien nachgewiesen.

Von den insgesamt 13 Arten der Gattung hat *fuliginosa* das größte Verbreitungsgebiet, sie kommt so gut wie in der ganzen Paläarktis vor. Dies ist sicher auch der Grund für ihre relativ große Variabilität, vor allem in bezug auf den Phallusbau. Von besonderem Interesse ist hierbei auch das Auftreten einer westlichen und einer östlichen Population (Unterart?) dieser Art, wobei die Verbreitungsgrenze zwischen den beiden Gruppen nicht eindeutig zu erklären ist. Vielleicht stellt das Gebirge eine Art Schranke dar, denn ab der südosteuropäischen Ebene tritt praktisch nur die östliche Variante auf. Auf Grund ihres ausgedehnten Vorkommens handelt es sich bei *Odontoscelis fuliginosa* wahrscheinlich um den ältesten Vertreter der Gattung. Eng verwandt mit dieser Art sind *iberica*, *litura* und *montandoni* mit jeweils relativ kleinen und isolierten Vorkommen, vielleicht auch *byrrhus*, also alle größeren Vertreter der Gattung.

Der von der *fuliginosa*-Gruppe abweichende Phallusbau der Arten der *dorsalis*-Gruppe, äußerlich sind die Vertreter der beiden Gruppen, abgesehen von ihrer Größe, einander ja recht ähnlich, hängt sicher mit der durchschnittlich geringeren Körpergröße der vier Arten zusammen. Von diesen ist *lineola* die am weitesten verbreitete Art, die auch relativ weit nach Norden geht, jedoch nur in Europa zu finden ist. Sie steht der mehr südlich vorkommenden Art *dorsalis* wahrscheinlich am nächsten. Die für Sizilien und die angrenzenden Inseln anscheinend endemische Art *signata* leitet sich vielleicht, wie auch die südosteuropäisch-asiatisch verbreitete *minuta*, von *lineola* her.

Stärker abweichend von diesen neun Arten sind die vier Vertreter der *hispidula*-Gruppe, einmal äußerlich durch die fehlende gelbe Zeichnung des Pronotums und Scutellums wie auch durch die vielfach etwas stärkere Behaarung der Tiere, zum anderen aber vor allem durch den Bau der Genitalsegmente. Von diesen Arten stehen sich zum einen *hispidula* und *zarudnyi* nahe, zum anderen die südlicher verbreiteten und nur in Afrika vorkommenden beiden Arten *tomentosa* und *vittata*. *Odontoscelis hispidula* hat wahrscheinlich relativ enge Beziehungen zu *minuta* in der *dorsalis*-Gruppe und *zarudnyi* ist sicher von *hispidula* abzuleiten. Am stärksten weichen von den übrigen Arten *tomentosa* und *vittata* ab, vor allem natürlich durch ihr drittes Paar Phallusanhänge, das den übrigen Arten fehlt. Es ist zu hoffen, daß Funde von weiteren Arten der Gattung *Odontoscelis* hier mehr Aufklärung bringen werden.

Bestimmungstabelle

1 Dunkelbraun gefärbte Tiere mit gelber Zeichnung auf dem Pronotum und Scutellum, Weibchen auch hell- und dunkelbraun marmoriert; gelbe Zeichnung auch fehlend oder nur undeutlich ausgebildet, dann durchschnittlich größere Tiere; anliegende Behaarung locker und fein, Augen den Kopfrand deutlich überragend; weibliche Genitalsegmente breiter als lang. Arten äußerlich nur schwer zu unterscheiden **2**

1* Einfarbig dunkle und kleinere Tiere von etwa 4 bis 6 mm Länge mit relativ dichter, zum Teil auch struppiger Behaarung, Augen den Kopfrand nicht oder nur undeutlich überragend; weibliche Genitalsegmente länger als breit (*hispidula*-Gruppe) **10**

2 Durchschnittlich größere Tiere von etwa 5,7 bis gut 9 mm Länge; Phallus relativ lang und gestreckt (*fuliginosa*-Gruppe) **3**

2* Durchschnittlich kleinere Tiere von etwa 3,5 bis 6 mm Länge; Phallus kurz und gedrungen (*dorsalis*-Gruppe) **7**

3 Anhänge der Disticonjunctiva kürzer und relativ breit, bis zur Mitte der Conjunctiva reichend, bei Seitenansicht im letzten Drittel ventralwärts winklig abgebogen, bei mongolischen Tieren auch gerade; 8. Tergit der Weibchen nur im hinteren Abschnitt beidseitig punktiert. Gelbe Seitenstreifen des Scutellums relativ kurz und meist gerade, von unterschiedlicher Breite. Auf der Balkanhalbinsel einschließlich der vorgelagerten Inseln, in der Türkei und Syrien sowie in der Mongolei verbreitet *byrrhus* SEIDENSTÜCKER

3* Anhänge der Disticonjunctiva länger **4**

4 Anhänge der Disticonjunctiva relativ weit vorn an der Conjunctiva ansetzend, ihre freien Spitzen dadurch relativ lang 5

4* Anhänge der Disticonjunctiva relativ weit hinten und breit an der Conjunctiva ansetzend, ihre freien Spitzen dadurch auffallend kurz, Anhänge meist wenig kürzer als die Conjunctiva, ihre Spitzen nur wenig dorsalwärts gebogen (Seitenansicht); Genitalsegmente der Weibchen denen von *fuliginosa* ähnlich. Gelbe Seitenstreifen des Scutellums häufig etwas nach innen geschwungen, von unterschiedlicher Breite, zum Teil aber recht breit. Bisher nur von der Iberischen Halbinsel bekannt *iberica* KOLENATI

5 Anhänge der Disticonjunctiva lang, mit gedrehten spitzen Enden und das Ende der Conjunctiva erreichend oder es überragend; 8. Tergit der Weibchen nur am hinteren Rand locker punktiert. Durchschnittlich größte und relativ dunkel gefärbte Art mit relativ wenig Gelbfärbung. Im westlichen Nordafrika verbreitet, Funde in Spanien und Südfrankreich fraglich *montandoni* KIS

5* Anhänge der Disticonjunctiva nicht gedreht, ihre Enden bei Seitenansicht sehr deutlich oder weniger deutlich dorsalwärts gebogen und von etwa gleicher Länge oder kürzer als die Conjunctiva. Durchschnittlich etwas kleinere und heller gefärbte Tiere 6

6 Anhänge der Disticonjunctiva schlank und von etwa gleicher Stärke, deutlich kürzer als die Conjunctiva, Anhänge der Basiconjunctiva kürzer als die der Disticonjunctiva, ihre Spitzen bei Aufsicht auseinanderweichend. In Ägypten, Syrien, im Irak, auf Zypern und in der Türkei festgestellt *litura* (FABRICIUS)

6* Anhänge der Disticonjunctiva vielfach am Anfang etwas verdickt und zum Teil auch keulenförmig, ihre Enden bei Seitenansicht entweder von gleicher Länge wie die Conjunctiva und sehr deutlich dorsalwärts gebogen (westliche Form) bzw. fast gerade (asiatische Form) oder kürzer als die Conjunctiva und ihre Spitzen weniger stark dorsalwärts aufgebogen (östliche Form); 8. Tergit der Weibchen nur am mittleren Vorder- und am seitlichen Hinterrand punktiert. Fast in der ganzen Paläarktis verbreitet *fuliginosa* (LINNAEUS)

7 Gelber Seitenstreifen des Scutellums in der Regel relativ kurz und gerade, von unterschiedlicher Breite, meist seine ganze Fläche braun punktiert, schwarzer Innenstreifen häufig fehlend. Anhangspaar der Disticonjunctiva relativ breit, etwa in der Mitte dorsalwärts abgeknickt, in einer Spitze auslaufend und die Conjunctiva deutlich überragend; 8. Tergit der Weibchen am vorderen Rand und in der Mitte nur spärlich punktiert. In Südosteuropa, auf der Insel Kreta, in Klein-Asien bis zum Kaukasus hin verbreitet *minuta* JAKOVLEV

7* Gelber Seitenstreifen des Scutellums in der Regel nicht gerade, sondern etwas geschwungen verlaufend, schwarzer Innenstreifen in der Regel vorhanden 8

8 Gelber Seitenstreifen des Scutellums leicht schräg nach innen verlaufend und relativ breit, vor allem am Außenrand braun punktiert, schwarzer Innenstreifen deutlich. Anhänge der Basiconjunctiva kurz und schlank, bei Seitenansicht am Ende mit dorsalwärts gerichteter Spitze, bei Aufsicht im letzten Drittel mit Verdickung, Anhänge der Disticonjunctiva relativ lang und schlank, bei Seitenansicht etwa ab Mitte schwach dorsalwärts gebogen, bei Aufsicht Spitzen nach außen gebogen. Aus Sizilien, den Äolischen Inseln und Malta bekannt *signata* FIEBER

8* Gelber Seitenstreifen des Scutellums am Ende etwas nach außen geschwungen, schwarzer Innenstreifen relativ breit und länger als gelber Seitenstreifen. 2 sehr ähnliche Arten 9

9 Auf den Kanaren, im nördlichen Afrika, auf Zypern, der Arabischen Halbinsel, in der Türkei bis Mittelasien hin verbreitet. Anhänge der Disticonjunctiva am Anfang verdickt, dann in eine schlanke, dorsalwärts gerichtete Spitze auslaufend, die die Conjunctiva etwas überragt (Seitenansicht); 8. Tergit der Weibchen punktiert, am Hinterrand dichter als vorn *dorsalis* (FABRICIUS)

9* In West-, Mittel-, Süd- und Südost-Europa verbreitet. Anhänge der Disticonjunctiva ebenfalls am Anfang verdickt, dann jedoch in einen breiten, dorsalwärts gerichteten und am Ende angespitzten Endteil auslaufend, der vor allem am Rand stärker sklerotisiert ist; 8. Tergit der Weibchen am Hinterrand und seitlich punktiert, Mitte ohne Punktierung *lineola* RAMBUR

10 Nur in Afrika verbreitet, mit drei Paar zum Teil asymmetrischen Anhängen der Conjunctiva 11

10* Nur in Asien und Südosteuropa vorkommend, mit zwei Paar zum Teil asymmetrischen Anhängen der Conjunctiva 12

11 Nur im westlichen Nordafrika vorkommend, schwarzbraun gefärbt mit relativ feiner Behaarung, die ± deutliche Streifen bildet, Kopf sehr breit, Augen tief in den Kopfrand versenkt, Kopfrand vor den Augen schräg nach innen verlaufend. 1. Paar der Conjunctivaanhänge am Ende breit gerundet, 2. Paar asymmetrisch, stark gebogen, 3. Paar dorsal ansetzend und hakenförmig ventralwärts gebogen (Seitenansicht) *vittata* HORVATH

11* Nur im östlichen Nordafrika vorkommend, etwas heller braun gefärbt als *vittata*, mit gelblicher, dichter und etwas struppiger und abstehender Behaarung ohne Streifenbildung, Augen weniger tief in den Kopfrand versenkt, Pronotumvorderrand deutlich breiter als der Kopf mit den Augen, Pronotum mit undeutlicher Querdelle. 1. Paar der Conjunctivaanhänge schlank mit einseitig angespitztem Ende, 2. Paar ähnlich asymmetrisch gebogen wie bei *vittata*, 3. Paar dorsal ansetzend, ebenfalls ventralwärts gebogen, jedoch deutlich kleiner als bei *vittata* *tomentosa* (GERMAR)

12 Sehr dunkel, fast schwarz gefärbt mit feinerer weißlicher in Streifen angeordneter Behaarung, Augen den Kopfrand kaum überragend, Kopfrand vor den Augen leicht abgeschrägt, Pronotumvorderrand kaum breiter als der Kopf mit den Augen. 1. Paar der Anhänge der Conjunctiva gestreckt, von etwas ungleicher Länge und Gestalt, 2. hinteres Paar asymmetrisch, stark gebogen. relativ schlank und am Ende angespitzt. Bisher nur aus Zentralasien bekannt *zarudnyi* PUTSHKOV

12* Schwarzbraun gefärbt mit relativ dichter, mehr struppiger gelblicher Behaarung, Augen relativ tief liegend, den Kopfrand nicht überragend, Kopfrand vor den Augen etwas abgewinkelt, Pronotumvorderrand den Kopf mit den Augen deutlich seitlich überragend. 1. Paar der Conjunctivaanhänge gestreckt, mit etwas ungleichen dorsalwärts gerichteten abgeschrägten Enden, 2. Paar relativ breit, stark gebogen und asymmetrisch, die Spitze des einen Anhangs nach hinten ragend (Seitenansicht). Vom Neusiedler-See bis zur Mongolei verbreitet *hispidula* JAKOVLEV

Liste der Arten von Synonyma

byrrhus SEIDENSTÜCKER, 1972
carbonaria (ZETTERSTEDT, 1819) = *fuliginosa* (LINNAEUS, 1761)
comaroffi JAKOVLEV, 1879 = ? *minuta* JAKOVLEV, 1881
dorsalis (FABRICIUS, 1803)
Odontoscelis dorsalis f. *aequatica* STICHEL, 1961: Ill. Best. t. Wanz. II Europa, 706.
dorsalis var. *carbonaria* KORMILEV, 1939 = *lineola* RAMBUR, 1839
Odontoscelis dorsalis f. *deserta* STICHEL, 1924: Int. ent. Z., **18**, 201.
dubia WAGNER, 1957 = *lineola* RAMBUR, 1839
fuliginosa (LINNAEUS, 1761)
fuliginosa caucasica KOLENATI, 1846 = *fuliginosa* (LINNAEUS, 1761)
fuliginosa iberica KOLENATI, 1846 = *iberica* KOLENATI, 1846
fuliginosa pallasi KOLENATI, 1846 = *fuliginosa* (LINNAEUS, 1761)
hispidula JAKOVLEV, 1876
iberica KOLENATI, 1846
lineola RAMBUR, 1839
litura (FABRICIUS, 1775)
minuta JAKOVLEV, 1881
montandoni KIS, 1979
osellai VLACH, 1982 = *fuliginosa* (LINNAEUS, 1761)
plagiata (GERMAR, 1839) = *dorsalis* (FABRICIUS, 1803)
seminitens WAGNER, 1953 = *dorsalis* (FABRICIUS, 1803)
signata FIEBER, 1861
tamaninii VLACH, 1982 = *fuliginosa* (LINNAEUS, 1761)
tomentosa (GERMAR, 1839)
vittata HORVATH, 1911
zarudnyi PUTSHKOV, 1965

Abkürzungen

1. Anh = Anhang der Basiconjunctiva
2. Anh = Anhang der Disticonjunctiva

3. Anh = Anhang der Disticonjunctiva
Pt = Paratergit
Res = Ejaculationsreservoir
1. Vf = 1. Valvifer

Literatur

BURMEISTER, H. (1835): Handbuch der Entomologie. **2**. Besondere Entomologie. I. Abtheilung. Schnabelkerfe, Rhynchota. Berlin, IV + 400 S. (*Odontoscelis* S. 385).

CARAYON, J. (1984): Des androconies de certain hémiptères Scutelleridae. — Ann. Soc. ent. France, (N. S.) **20**, 113–114.

DANILOVITSH, L. P. (1975): Distribution and geographical variability of *Odontoscelis fuliginosa* L. and *O. byrrhus* SEID. (Heteroptera, Scutelleridae). (Russ.) – Nas. Mong., **3**, 86–89, Fig.

FABRICIUS, J. C. (1803): Systema Rhyngotorum. Brunsviga, X + 314 + 21 S. (*Odontoscelis* S. 139).

FIEBER, F. X. (1861): Die europäischen Hemiptera. Halbflügler (Rhynchota Heteroptera). Wien, VI + 444 S. (*Odontoscelis* 378–379, 417).

GERMAR, E. F. (1839): Beiträge zu einer Monographie der Schildwanzen. – Z. Ent. GERMAR, **1**, H. 1, 1–146 (*Odontoscelis* 46—49).

HAHN, C. W. (1834): Die wanzenartigen Insecten. **2**, 48–52, Taf. XLVI. A–C.

HERRICH-SCHÄFFER, G. A. W. (1839): Die wanzenartigen Insecten. **5**, 38, Taf. CLVI. 487—488.

HOFFMANN, W. E. (1935–1948): An abridged catalogue of certain Scutelleroidea (Plataspidae, Scutelleridae, and Pentatomidae) of China, Chosen, Indo-China, and Taiwan. – Lingnan Univ. Sci. Bull., Nr. 7, IV + 294 S., 1935 (*Odontoscelis* S. 142); First supplement to catalogue of Scutelleroidea. – Lingan Sci. J., **22**, 1–41, 1948 (*Odontoscelis* S. 5).

HORVATH, G. (1911): Hemiptera nova vel minus cognita e regione palaearctica. II. – Ann. Mus. nat. Hung., **9**, 573–610 (*Odontoscelis* S. 574).

JAKOVLEV, V. (1874): Zametki o geografičeskom rastprostranenii Hemiptera Heteroptera po materialam sobranym v 1872 rodu. – Tr. Russe ent. Obšč., **8**, 46–82 (*Odontoscelis* 51–52).

— (1879): Poluščestkokrylych (Hemiptera Heteroptera) Kavkazgago kraja. – Tr. Russe ent. Obšč., **12**, 3–176 (*Odontoscelis* S. 14).

— (1881): Materialy dlja fauny polužestkokrylych Rossij i sosdnich stran. – Bull. Soc. Natural. Moscou, **55**, part. II, Nr. 4, 345–371 (*Odontoscelis* 345–347).

KERZHNER, I. M. (1964): Materials on the synonymy of shieldbugs (Heteroptera Pentatomoidea) in the fauna of the USSR and of adjacent countries. — Rev. Ent. URSS, **43**, 363, 367 (*Odontoscelis* S. 365).

— (1976): New and little-known Heteroptera from Mongolia and from adjacent regions of the USSR. III. – Nas. Mong., **4**, 30–86 (*Odontoscelis* S. 44).

KIRITSHENKO, A. N. & KERZHNER, I. M. (1976): Land Heteroptera of the Mongolian People's Republic. III. – Nas. Mong., **4**, 87–114 (*Odontoscelis* S. 99).

KIRKALDY, G. W. (1909): Catalogue of the Hemiptera (Heteroptera). **1**. Berlin, XL + 392 S. (*Odontoscelis* 264–265).

KIS, B. (1979): Beiträge zur Kenntnis der Gattung *Odontoscelis* LAP. (Heteroptera, Scutelleridae). – Trav. Mus. Hist. nat. G. ANTIPA, **20**, 203–209, Fig.

KOLENATI, F. A. (1846): Hemiptera Caucasi. Pentatomidae. — Mel. ent., fasc. IV, 1—72 (*Odontoscelis* 5—7).

KORMILEV, N. A. (1939): III. Beitrag zur Kenntnis der Verbreitung jugoslavischer Hemiptera-Heteroptera. -- Ann. Mus. Serb. merid., **1**, Nr. 2, 1–9 bzw. 21–29 (*Odontoscelis* S. 3 bzw. 23).

LAPORTE DE CASTELNAU, F. L. (1832): Essai d'une classification systématique de l'ordre des Hémiptères (Hémiptères Hètèroptères, LATR.). — GUÉRIN Mag. Zool., **2**, 1—88 (*Odontoscelis* S. 74).

LINNAVUORI, R. (1975): Hemiptera of the Sudan, with remarks on some species of adjacent countries. 5. Pentatomidae. – Bol. Soc. Port. Cienc. nat., (2) **15**, 5–128 (*Odontoscelis* S. 14).

PUTSHKOV, V. G. (1965): Sitniki srednej Azii. Die Schildwanzen Mittelasiens (Hemiptera, Pentatomoidea). Frunse, 329 S. (*Odontoscelis* 71–76).

RAMBUR, P. (1839): Faune entomologique de l'Andalousie. **2**, 1–146 (*Odontoscelis* 106–107).

SCHMIDT, K. (1939): Was ist *Arctocoris tomentosus* GERM.? (Hemiptera-Heteroptera: Scutellerinae). Zugleich ein Beitrag zur ägyptischen Wanzenfauna. – Bull. Soc. FOUAD I. Ent., **22**, 24–27, Fig.

SCHOUTEDEN, H. (1903): Rhynchota aethiopica. I. Scutellerina et Graphosomatina. – Ann. Mus. Congo Belge, Zool. (3) **1**, 1–131 (*Odontoscelis* 89–91).

– (1904): Heteroptera. Fam. Pentatomidae. Subfam. Scutellerinae. In: Genera Insectorum, fasc. 24, Heteroptera, 98 S. (*Odontoscelis* 87–88).

SEIDENSTÜCKER, G., (1972): Eine neue Form von *Odontoscelis* LAP. aus der Türkei (Heteroptera, Scutelleridae). — Mitt. Münch. ent. Ges., **61**, 108–113, Fig.

STICHEL, W. (1924): Heteropterologische Notizen. — Int. ent. Z., **18**, 201–203 (*Odontoscelis* S. 201).

— (1961): Ill. Best. tab. Wanz. II. Europa, H. 23, 706.

TUXEN, S. L. (Herausgeber), (1970): Taxonomist's glossary of genitalia in insects. Copenhagen. 359 S. (DUPUIS, C.: Heteroptera. 190–209).

VLACH, M. RIZZOTTI, (1982): Alcune notizie sul genera *Odontoscelis* LAP. (Heteroptera, Scutelleridae) con descrizione di due nuove specie. – Boll. Mus. civ. Stor. nat. Verona, **8**, 357–364.

WAGNER, H., (1953): On the insect fauna of Cyprus. Results of the expedition of 1939 by HARALD, HÅKAN and P. H. LINDBERG. X. Nachtrag zur Heteropterenfauna von Zypern. — Com. biol. Soc. scient. Fenn., **13**, Nr. 14, 1–17 (*Odontoscelis* 1–4).

— (1957): *Odontoscelis dubia* nov. spec., eine neue Scutelleridae aus dem Mittelmeergebiet (Hem. Het. Scutelleridae).-Boll. Soc. ent. Ital., **87**, 122–125.

ZIMSEN, E., (1964): The type material of J. C. FABRICIUS. Copenhagen, 526 S. (Nr. 521. *Cimex litura*, Nr. 524. *Tetyra dorsalis*).

Anschrift des Verfassers:

Dr. U. Göllner-Scheiding
Museum f. Naturkunde der
Humboldt-Universität zu Berlin
Invalidenstr. 43
DDR-1040 Berlin

Korrektur:

Versehentlich wurde auf den Abbildungen der 9. Paratergit (Pt) jeweils als 2. Vf (Valvifer) bezeichnet.

Archives of Phytopathology and Plant Protection
Archiv für Phytopathologie und Pflanzenschutz

Edited by the Academy of Agricultural Sciences of the GDR

Assisted by an international Editorial Board

Editor-in-Chief: D. Spaar, Berlin

Deputy Editor-in-Chief: H. Kleinhempel, Aschersleben

The publication of original communications on results and methods of the research within the field of phytopathology and plant protection represent the priority object of the journal. Besides the phytopathological problems of the fields of virology, bacteriology and mycology, control of animal viruses, research on resistance and weeds control are also considered questions of technology of plant protection and toxicology. As far as cultivated plants are concerned the entire field of agricultural, horticultural and forest plant protection is covered. On request of the editorial staff surveys on important problems of the concerned subject are published. The publication of short communications guarantees a current information on research results.
Of interests to: Phytopathologists, farmers, gardeners, foresters, biologists and chemical engineers dealing with research work and practice of the agricultural, horticultural plant protection resp. with forestry, cultivation of resistance or environment protection.

Publication dates and terms of delivery:
The journal is edited bimonthly. The 6 numbers edited annually represent one volume.
Size: 17,0 cm × 24,0 cm.
Annual subscription price: 180,— DM/Single number: 30,— DM.
ISSN 0323-5408 Order number: 1081
Volume 22 will appear in 1986.

Orders can be sent:
— in the GDR: to the Zeitungsvertriebsamt der Deutschen Post, Abt. Zentralvertrieb Berlin, 1017 Berlin, Straße der Pariser Kommune 3—4, or to the Akademie-Verlag Berlin, DDR-1086 Berlin, Leipziger Str. 3—4;
— in the other socialist countries: to a bookshop for foreign language literature or to the competent news-distributing agency;
— in the FRG and Berlin (West): to a bookshop or to the wholesale distributing agency KUNST UND WISSEN, Erich Bieber OHG, Wilhelmstr. 4—6, D-7000 Stuttgart 1;
— in the other western european countries: to KUNST UND WISSEN, Erich Bieber GmbH, Dufourstr. 51, CH-8008 Zürich;
— in other countries: to the international book- and journal-selling trade, to BUCHEXPORT, Volkseigener Außenhandelsbetrieb der DDR, DDR-7010 Leipzig, Postfach 160, or to the Akademie-Verlag Berlin, DDR-1086 Berlin, Leipziger Str. 3—4.

AKADEMIE VERLAG BERLIN
THEORIA CUM PRAXI
Deutsche Demokratische Republik
DDR-1086 Berlin, Leipziger Strasse 3-4 Postfach 1233

Inhalt

DEUTSCHE ENTOMOLOGISCHE ZEITSCHRIFT

Volume 33 1986 Number 1–2

Contents

The papers published in this journal are selectively abstracted and indexed in the Review of Applied Entomology compiled by the Commonwealth Institute of Entomology, London and published by the Commonwealth Agricultural Bureaux.

FSC
www.fsc.org
MIX
Papier | Fördert
gute Waldnutzung
FSC® C083411

Kolibri 360 GmbH
Ferdinand-Jühlke-Straße 7
99095 Erfurt, Deutschland
produktsicherheit@kolibri360.de